职业教育创新教材

电工电子技术基础与技能

（非电类）（多学时）

王增茂　王正锋　主　编

王　伟　副主编

电子工业出版社

Publishing House of Electronics Industry

北京·BEIJING

内 容 简 介

本书是中等职业学校（三年制）教材，是根据教育部 2009 年颁发的《职业学校电工电子技术与技能教学大纲》编写的。全书包括电路基础、电工技术、模拟电子技术、数字电子技术的基本内容。主要有电工、电子实训室的配置、直流电路、磁场及电磁感应、单相正弦交流电路、三相正弦交流电路、三相异步电动机的基本控制、电机与变压器、现代控制技术、晶体二极管及其应用、晶体三极管及放大电路、数字电路、逻辑电路等。各项目均有适量的习题，供教学参考及使用。

本书深入浅出，通俗易懂，可作为中等职业学校非电类专业学生教学用书，也可作为岗位培训及自学用书。

未经许可，不得以任何方式复制或抄袭本书之部分或全部内容。
版权所有，侵权必究。

图书在版编目（CIP）数据

电工电子技术基础与技能：非电类：多学时/王增茂，王正锋主编．—北京：电子工业出版社，2015.11
ISBN 978-7-121-24786-6

Ⅰ.①电… Ⅱ.①王… ②王… Ⅲ.①电工技术－高等学校－教材 ②电子技术－高等学校－教材 Ⅳ.①TM ②TN

中国版本图书馆 CIP 数据核字（2014）第 270364 号

策划编辑：施玉新
责任编辑：郝黎明
印　　刷：北京七彩京通数码快印有限公司
装　　订：北京七彩京通数码快印有限公司
出版发行：电子工业出版社
　　　　　北京市海淀区万寿路 173 信箱　邮编　100036
开　　本：787×1 092　1/16　印张：16.25　字数：416 千字
版　　次：2015 年 11 月第 1 版
印　　次：2021 年 8 月第 2 次印刷
定　　价：32.00 元

凡所购买电子工业出版社图书有缺损问题，请向购买书店调换。若书店售缺，请与本社发行部联系，联系及邮购电话：（010）88254888，88258888。
质量投诉请发邮件至 zlts@phei.com.cn，盗版侵权举报请发邮件至 dbqq@phei.com.cn。
本书咨询联系方式：（010）88254583，zling@phei.com.cn。

前 言

本书是根据教育部 2009 年颁发的《职业学校电工电子技术与技能教学大纲》,并参照有关行业的职业技能鉴定规范、标准编写的职业教育国家规划教材。依据职业教育的培养目标,围绕电工电子技术与技能的特点,紧扣教学大纲的内容和要求,以项目展开教学内容,体现做中学、学中做的教学理念。

全书共分 13 个学习领域,包括电路基础、电工技术、模拟电子技术、数字电子技术等四大部分。主要内容包括电工、电子实训室的配置、直流电路、磁场及电磁感应、单相正弦交流电路、三相正弦交流电路、三相异步电动机的基本控制、电机与变压器、现代控制技术、晶体二极管及其应用、晶体三极管及放大电路、数字电路、逻辑电路等内容。通过本书的学习,使学生具备电工电子的基本知识及基本技能,初步具有解决实际问题的能力,为学习其他专业知识和专业技能打下基础。

本书在编写过程中考虑到目前职业学校学生的实际,以及学校实施分层次教学和学分制的需要,尽量降低知识难度,对一些教学要求较高的教学内容打"*",以供实行弹性学制教学或教学条件较好的学校选用。

本书在文字表述上力求简明扼要、通俗易懂;尽可能多地采用插图,以求直观形象,图文并茂,让学生容易理解和接受。

本书适用于 3 年制职业学校非电类专业,也可作为职业岗位培训教材。总教学时数为 86 学时,各部分内容的课时分配建议如下:

	学习领域	项 目	参考学时
1	相约电工实训室	熟悉电工实训室	1
		安全用电与触电急救	1
2	直流电路	简单电路的拆装与电路图的识读	1
		电参数的测量	1
		电阻器的识别和测量	1
		电路基本定律的认识与应用	2
		简单直流电路的安装与调试	2
3	*磁场与电磁感应	*认识磁场与磁路	1
		*电磁感应现象	1
4	单相正弦交流电路	用示波器观察交流电	1
		交流电的表示	2
		纯电路的认识	2
		照明电路的安装与测量	4
		*RLC 串联谐振电路的制作	2
5	三相正弦交流电路	认识三相正弦交流电路	2
		*三相负载的连接	6
6	三相异步电动机的基本控制	三相异步电动机的启动控制	6
		三相异步电动机正反转控制	2
		*普通车床控制电路的认识	1

续表

学 习 领 域		项 目	参考学时
7	电机与变压器	用电技术	1
		单相变压器的认识	2
		*三相变压器的认识	2
		*特殊变压器的认识	2
		*特殊电动机的认识	4
8	*现代控制技术	*认识可编程控制器	1
		*认识变频器	1
		*认识传感器	1
9	相约电子实训室	熟悉电子实训室	1
		电子基本技能操作	1
10	晶体二极管及其应用	整流电路的制作与测量	4
		滤波电路的制作与测量	2
		*家用调光台灯电路的制作与调试	2
		*稳压电源的制作与调试	2
11	晶体三极管及放大电路	共射极放大电路的安装和测试	4
		集成运算放大电路的安装与测试	3
		*低频功率放大器的安装与测试	2
		*振荡器电路的安装与测试	2
12	数字电路常识	数字信号的认识	1
		逻辑门电路的测试	1
13	逻辑电路	组合逻辑电路	2
		触发电路的制作	2
		寄存器电路的制作	1
		计数电路的制作	1
		*555电路的制作	2
总学时			86

  本书由江苏省泰州第二职业高级中学王正锋担任主编，南昌汽车机电学校王曾茂担任主编并修改定稿，王伟担任副主编，安文倩、黄玉宇、李向军、李江海、戈江华、黄丽霞参与了教材的编写。

  由于编写时间仓促和编者水平有限，书中错误和不妥之处在所难免，敬请读者批评指正。

编 者

目 录

学习领域1 相约电工实训室 1
  项目1 熟悉电工实训室 1
    第1步 观察电工实训室电源 1
    第2步 认识常用电工仪器仪表 2
    第3步 认识常用电工工具 4
  项目2 安全用电与触电急救 6
    第1步 认识触电 6
    第2步 做好用电安全防护 8
    第3步 学会触电预防与急救 9

学习领域2 直流电路 12
  项目1 简单电器的拆装与电路图的识读 12
    第1步 拆装简单的实物电路 12
    第2步 识读简单的电路图 13
    第3步 制作简单直流电路 14
  项目2 电参数的测量 15
    第1步 理解电流 15
    第2步 理解电压、电位、电动势 16
    第3步 理解电能、电功率 17
  项目3 电阻的识别和测量 19
    第1步 认识电阻 19
    第2步 测量电阻 21
  项目4 电路基本定律的认识与应用 23
    第1步 理解欧姆定律 23
    第2步 理解基尔霍夫定律 24
  项目5 简单直流电路的安装与调试 28
    第1步 熟悉混联电路 28
    第2步 用电压表和电流表测量参数 29
    第3步 测量混联电路电阻值 30

*学习领域3 磁场与电磁感应 34
  *项目1 认识磁场及磁路 34
    第1步 了解磁场基本概念 34
    第2步 了解电流的磁场 35

　　　　第3步　磁场的主要物理量 35
　　　　第4步　了解安培力 37
　　　　第5步　了解磁路安培力 38
　　*项目2　电磁感应现象 43
　　　　第1步　了解铁磁性物质 43
　　　　第2步　了解涡流 45
　　　　第3步　了解电磁感应现象 45

学习领域4　单相正弦交流电路 52

　　项目1　用示波器观察交流电 52
　　　　第1步　用示波器观察正弦交流电 52
　　　　第2步　正弦交流电的产生 53
　　项目2　交流电的表示 56
　　　　第1步　正弦量的表示法 56
　　项目3　纯电路的认识 59
　　　　第1步　认识纯电阻电路 60
　　　　第2步　认识纯电感电路 61
　　　　第3步　认识纯电容电路 62
　　项目4　照明电路的安装与测量 65
　　　　第1步　了解常见照明灯具 65
　　　　第2步　认识荧光灯电路 67
　　　　第3步　了解电路的功率因数 68
　　*项目5　RLC串联谐振电路的制作 70
　　　　第1步　认识RL串联电路 71
　　　　第2步　认识RLC串联电路 72
　　　　第3步　RLC串联谐振电路 73

学习领域5　三相正弦交流电路 78

　　项目1　认识三相正弦交流电路 78
　　　　第1步　三相交流电的产生 78
　　　　第2步　三相电源的连接 80
　　*项目2　三相负载的连接 83
　　　　第1步　三相负载的星形连接 84
　　　　第2步　三相负载的三角形连接 85
　　　　第3步　三相电路的功率的计算 86

学习领域6　三相异步电动机的基本控制 90

　　项目1　三相异步电动机的启动控制 90
　　　　第1步　安装点动控制线路 90
　　　　第2步　认识三相异步电动机 91
　　　　第3步　认识控制线路元器件 91

第4步　识读点动控制线路图 ································ 93
　　第5步　安装自锁控制线路 ···································· 94
项目2　三相异步电动机正反转控制 ································ 97
　　第1步　安装接触器联锁的正反转控制线路 ············ 97
　　第2步　识读三相异步电动机正反转控制电路图 ····· 98
*项目3　普通车床控制电路的认识 ··································101
　　第1步　认识普通车床组成部件 ····························101
　　第2步　认识普通车床控制元器件 ·························102
　　第3步　识读普通车床控制电路图 ·························103

学习领域7　电机与变压器 ··105

项目1　用电技术 ···105
　　第1步　认识供配电系统 ·······································105
　　第2步　学会节约用电 ··106
项目2　单相变压器的认识 ··108
　　第1步　认识单相变压器的基本结构 ·····················108
　　第2步　了解变压器的工作原理 ····························109
*项目3　三相变压器的认识 ··114
　　第1步　认识三相变压器的基本结构 ·····················114
　　第2步　理解三相变压器的工作原理 ·····················115
*项目4　特殊变压器的认识 ··118
　　第1步　认识电焊机 ···118
　　第2步　认识互感器 ···119
　　第3步　认识自耦变压器 ······································120
项目5　特殊电动机的认识 ··123
　　第1步　认识三相绕线式异步电动机 ·····················123
　　第2步　认识直流电动机 ······································126

*学习领域8　现代控制技术 ···130

*项目1　认识可编程控制器 ··130
　　第1步　认识可编程控制器 ···································130
　　第2步　了解PLC简单的程序设计 ·······················132
*项目2　认识变频器 ··133
*项目3　认识传感器 ··135

学习领域9　相约电子实训室 ··138

项目1　熟悉电子实训室 ···138
　　第1步　认识电子实训室 ······································138
　　第2步　熟悉电子实训室规章制度 ·························138
　　第3步　熟悉电子实训室操作台 ····························140

项目2　电子基本技能操作 141
　　　第1步　掌握手工焊接 141
　　　第2步　使用常用仪器仪表 146

学习领域10　晶体二极管及其应用 150

　　项目1　整流电路的制作与测量 150
　　　第1步　认识二极管 150
　　　第2步　判断二极管的极性 153
　　　第3步　整流电路的制作与测量 154
　　项目2　滤波电路的制作与测量 160
　　　第1步　认识滤波电路 160
　　　第2步　半波整流电容滤波电路的测试 160
　　　第3步　桥式整流电容滤波电路的测试 161
　　*项目3　家用调光台灯电路的制作与调试 164
　　　第1步　认识晶闸管 165
　　　第2步　制作家用调光台灯电路 168
　　*项目4　稳压电源的制作与调试 171
　　　第1步　认识串联型稳压电源电路 171
　　　第2步　制作与调试串联型稳压电源 173

学习领域11　晶体三极管及放大电路 177

　　项目1　共射放大电路的安装与测试 177
　　项目2　集成运算放大电路的安装与测试 182
　　　第1步　安装集成运算放大器电路 183
　　　第2步　认识集成运算放大器 184
　　　第3步　了解放大电路中的负反馈 187
　　　第4步　集成运放在信号运算方面的应用 190
　　*项目3　低频功率放大器的安装与测试 192
　　　第1步　安装低频功率放大电路 192
　　　第2步　了解低频功率放大电路的基本要求和分类 194
　　　第3步　了解典型功放集成电路的引脚功能及应用 195
　　*项目4　振荡器电路的安装与测试 197

学习领域12　数字电路常识 201

　　项目1　数字信号的认识 201
　　　第1步　了解数字电路的基本概念 201
　　　第2步　掌握各种数制间的相互转换，了解BCD码的含义 203
　　项目2　逻辑门电路的测试 205
　　　第1步　了解基本逻辑门电路的逻辑功能 205
　　　第2步　理解复合逻辑门电路的逻辑功能 207
　　　第3步　熟悉TTL门电路的型号 207

第 4 步　了解 CMOS 门电路的型号 ································ 210

学习领域 13　逻辑电路 ·· 214

　项目 1　组合逻辑电路 ·· 214
　　第 1 步　熟悉组合逻辑电路 ·· 214
　　第 2 步　学会分析组合逻辑电路 ······································· 215
　　第 3 步　组合逻辑电路的设计 ·· 216
　项目 2　触发电路的制作 ·· 219
　　第 1 步　了解常用组合逻辑电路的基本功能 ·························· 220
　　第 2 步　了解 RS 触发器的电路及逻辑功能 ·························· 222
　项目 3　寄存器电路的制作 ·· 227
　　第 1 步　认识数码寄存器 ·· 227
　　第 2 步　了解移位寄存器的基本构成 ·································· 228
　项目 4　计数电路的制作 ·· 232
　　第 1 步　认识计数器 ·· 232
　　第 2 步　理解集成二/十进制计数器的外特性 ························· 235
　*项目 5　555 电路的制作 ·· 239

参考文献 ·· 248

学习领域 1 相约电工实训室

项目 1 熟悉电工实训室

 学习目标

1. 了解电工实训室的电源配置。
2. 了解常用电工电子仪器仪表及工具的类型及作用。
3. 了解交流电压表、交流电流表、钳形电流表、单相调压器等仪器仪表。

 工作任务

认识电工实训室的电源配置、仪器设备,学会使用电工工具进行相关操作。

电工实训室是进行电工实训的教学场所,电工实训室可进行照明电路、电力拖动线路的安装与调试实训,让我们一同走进电工实训室,了解电工实训室的电源、仪器仪表、常用的电工工具等,对它们进行一个充分的了解,以便于让它们为我们今后的电工知识的学习和电工技能的训练服务。

▌第 1 步 观察电工实训室电源

电工实训室的电源通常配备交流电源和直流电源,交流电源通常配备 380V 和 220V 两种,380V 电源通常用于三相电器的电源,220V 电源用于单相电器设备的电源,此外还配置可调的交流电源。直流电源通常配备固定电压的多挡和连续可调的直流电源,满足电工实训中对直流电的一些需要。

观察电工实训室的电源配置,记录下电工实训室各种电源的种类及电压。

链接

电工通用实训台的电源配置如下。

1. 电源输入

电工实训台通常设有三相四线及"地"线（共五线）输入接口，并配有漏电保护开关（电源总开关）、三相指示灯、电压换相开关、电压表、电流表及三相电源。

2. 电源输出

电工实训台通常会有多组电源输出，例如：

A 组：三相四线输出接插座，输出电压为 380V。
B 组：单相交流市电输出 220V，供外接仪器设备用。
C 组：可调交流电源，电压 0～240V 连续可调。
D 组：可调交流电源，电压 3～24V 可调。
E 组：直流稳压电源，电压 1.25～24V 多挡。
F 组：直流稳压可调电源，电压 1.25～24V 连续可调。

■ 第 2 步　认识常用电工仪器仪表

（1）常用的电压表，如图 1.1.1 所示。

图 1.1.1　常用的电压表

（2）常用的电流表，如图 1.1.2 所示。

图 1.1.2　常用的电流表

（3）常用的电能表，如图 1.1.3 所示。

图 1.1.3　常用的电能表

(4)常见的功率表,如图1.1.4所示。

图1.1.4 常用的功率表

(5)常用的兆欧表,如图1.1.5所示。

图1.1.5 常用的兆欧表

(6)常用钳形电流表,如图1.1.6所示。

图1.1.6 常用的钳形电流表

(7)常用的单相调压器,如图1.1.7所示。

图1.1.7 常用的单相调压器

链接

用来测量电流、电压、功率等电量的指示仪表称为电工测量仪表。熟悉和了解电工仪表的基本知识是正确使用和维护电工仪表的基础。

1. 电工仪表的分类

（1）按作用原理分类：① 磁电系仪表；② 电磁系仪表；③ 电动系仪表；④ 感应系仪表。

（2）按准确度等级分类：0.1 级、0.2 级、0.5 级、1.0 级、1.5 级、2.5 级、5.0 级等共七个等级。

（3）按防护性能分类：普通、防尘、防水、防爆等类型。

（4）按被测对象分类：电流表、电压表、电度表、功率表、兆欧表、功率因数表、相位表等。

2. 电工仪表的正确使用

（1）严格按说明书上的要求使用、存放。

（2）不能随意拆装和调试，以免影响准确度、灵敏度。

（3）经过长期使用后，要根据电气计量的规定，定期进行校验和校正。

（4）交流、直流电表（挡）要分清，多量程表在测量中不应带电更换挡位，严格按说明接线，以免出现烧表事故。

▌▌第 3 步　认识常用电工工具

常用的电工工具，如图 1.1.8 所示。

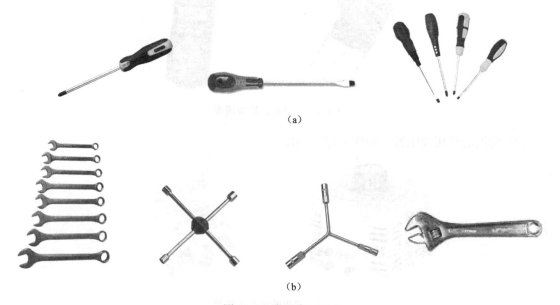

(a)

(b)

图 1.1.8　常用电工工具

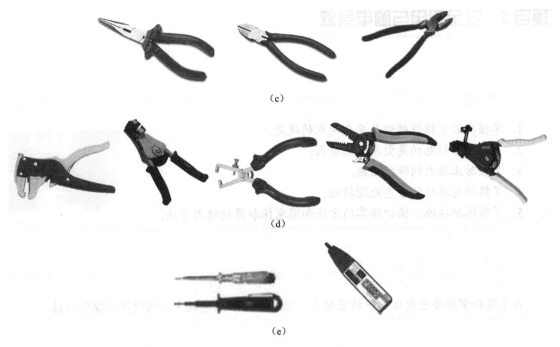

图 1.1.8 常用电工工具（续）

链接

电工工具是电气操作的基本工具，电气操作人员必须掌握电工常用工具的结构、性能和正确的使用方法。

常用的电工工具可分为以下三类。

（1）通用电工工具：指电工随时都可以使用的常备工具，主要有测电笔、螺丝刀、钢丝钳、活络扳手、电工刀、剥线钳等。

（2）线路装修工具：指电力内外线装修必备的工具。它包括用于打孔、紧线、钳夹、切割、剥线、弯管、登高的工具及设备。主要有各类电工用凿、冲击电钻、管子钳、剥线钳、紧线器、弯管器、切割工具、套丝器具等。

（3）设备装修工具：指设备安装、拆卸、紧固及管线焊接加热的工具。主要有各类用于拆卸轴承、联轴器、皮带轮等紧固件的拉具，安装用的各类套筒扳手及加热用的喷灯等。

练习使用常用电工工具。

熟悉常用电工工具，并知道它们的正确名称和使用方法。

项目2 安全用电与触电急救

 学习目标

1. 掌握实验室操作规程及安全用电的规定。
2. 了解人体触电的类型及常见原因。
3. 掌握防止触电的保护措施。
4. 了解触电现场的紧急处理措施。
5. 了解保护接地、保护接零的方法和漏电保护器的使用方法。

 工作任务

在了解和掌握安全用电知识的基础上，进行常用触电急救方法的观察与操作训练。

■ 第 1 步　认识触电

由于人体是导体，因此当人体接触电源或带电体而构成电流回路时，就会有电流通过人体，对人的肌体造成不同程度的伤害。因此触电所受到的伤害程度与触电的种类、方式及条件有关。

链接

1. 触电的种类

人体触电有电击和电伤两种。电击是指电流通过人体内部而造成人体内部器官在生理上的反应和病变的现象，触电死亡的绝大部分是电击造成的。随着电流大小的不同，人体可产生肌肉抽搐、内部组织损伤、发热、发麻、神经麻痹，严重时引起昏迷、窒息、心脏停止跳动等而死亡。电伤则是由于电流的热效应、化学效应、机械效应对人体外部表皮造成局部伤害，表现为灼伤、烙伤和皮肤金属化等现象。

2. 电流伤害人体的因素

电流对人体伤害的严重程度一般与下面几个因素有关。
（1）通过人体电流的大小。
（2）电流通过人体时间的长短。
（3）电流通过人体的部位。
（4）通过人体电流的频率。
（5）触电者的身体状况。

一般来说，通过人体的电流越大，时间越长，危险越大；触电时间超过人的心脏搏动周期（约为 750ms），或者触电正好开始于搏动周期的易损伤期时，危险最大；电流通过人体脑部和心脏时最为危险；40～60Hz 的交流电对人体的危害最大，直流电流与较高频率电流的危险性则小些；男性、成年人、身体健康者受电流伤害的程度相对要轻一些。

以工频电流为例，实验资料表明：1mA 左右的电流通过人体，就会使人体产生麻刺等不舒服的感觉；10～30mA 的电流通过人体，便会使人体产生麻痹、剧痛、痉挛、血压升高、呼吸困难等症状，触电者已不能自主摆脱带电体，但通常不至于有生命危险；电流达到 50mA 以上，就会引起触电者心室颤动而有生命危险；100mA 以上的电流，足以致人于死地。

3. 触电的方式

（1）单相触电。

在低压电力系统中，若人站在地上或其他接地体，而人的某一部位接触到一相带电体，即为单相触电，如图 1.2.1 所示。如果系统中性点接地，则加于人体的电压为 220V，流过人体的电流足以危及生命。中性点不接地时，虽然线路对地绝缘电阻可起到限制人体电流的作用，但线路对地存在分布电容、分布电阻，作用于人体的电压为线电压 380V，触电电流仍能危及生命。人体接触漏电的设备外壳，也属于单相触电。

（2）两相触电。

人体不同部位同时接触两相电源带电体而引起的触电称为两相触电，如图 1.2.2 所示。无论电网中性点是否接地，人体所承受的线电压均比单相触电时要高，危险性更大。

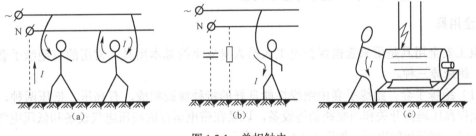

图 1.2.1　单相触电

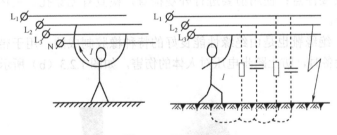

图 1.2.2　两相触电

（3）接触电压、跨步电压触电。

这也是危险性较大的一种触电方式。当外壳接地的电气设备绝缘损坏而使外壳带电，或导线断落发生单相接地故障时，电流由设备外壳经接地线、接地体(或由断落导线经接地点)流入大地，向四周扩散，在导线接地点及周围形成强电场。其电位分布以接地点为圆心向周围扩散，一般距接地体 20m 远处电位为零。这时，人站在地上触及设备外壳，就会承受一定的电压，称为接触电压。如果人站在设备附近地面上，两脚之间也会承受一定的电压，称为跨步电压。接触电压和跨步电压的大小与接地电流、土壤电阻率、设备接地电阻及人体位置有关。当接地电流较大时，接触电压和跨步电压会超过允许值发生人身触电事故。特别是在发生高压接地故障或雷击时，会产生很高的接触电压和跨步电压。

第2步 做好用电安全防护

链接

1. 安全电压

从安全的角度看，电对人体的安全条件通常不采用安全电流，而是用安全电压。因为影响电流变化的因素很多，而电力系统的电压却是较为恒定的。

所谓安全电压，是指为了防止触电事故而由特定电源供电时所采用的电压系列。

我国规定 12V、4V、36V 三个电压等级为安全电压级别，不同场所选用安全电压等级不同。

一般环境的安全电压为 36V。在湿度大、狭窄、周围有大面积接地导体的场所（如金属容器内、矿井内、隧道内等）使用的照明电压，应采用 12V 的安全电压。

安全电压的规定是从总体上考虑的，对于某些特殊情况也不一定绝对安全。所以，即使在规定的安全电压下工作，也不可粗心大意。

2. 安全用具

电工安全用具是用来直接保护电工人员人身安全的基本用具，常用的有绝缘手套、绝缘靴、绝缘棒三种。

（1）绝缘手套。绝缘手套由绝缘性能良好的特种橡胶制成，有高压、低压两种，分别用于操作高压隔离开关和油断路器等设备，以及在带电运行的高压电气设备和低压电气设备上工作时，预防接触电压，如图 1.2.3（a）所示。

使用绝缘手套要注意：使用前要进行外观检查，检查有无穿孔、损坏；不能用低压手套操作高压设备等。

（2）绝缘靴。绝缘靴也是由绝缘性能良好的特种橡胶制成的，用于带电操作高压电气设备或低压电气设备时，防止跨步电压对人体的伤害，如图 1.2.3（b）所示。

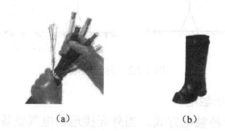

(a)　　　　　(b)

图 1.2.3　绝缘手套、绝缘靴

使用绝缘靴前要进行外观检查，不能有穿孔损坏，要保持在绝缘良好的状态。

（3）绝缘棒。绝缘棒又称为令克棒、绝缘拉杆、操作杆等，一般用电木、胶木、塑料、环氧玻璃布棒等材料制成，绝缘棒主要用于操作高压隔离开关、跌落式熔断器、安装和拆除临时接地线,以及测量和试验等工作。常用的规格有 500V、10kV、35kV 等。

使用绝缘棒要注意几点:一是棒表面要干燥、清洁;二是操作时应戴绝缘手套,穿绝缘靴,站在绝缘垫上;三是绝缘棒规格应符合规定,不能任意取用。

第 3 步　学会触电预防与急救

 链接

1. 触电的预防

(1)绝缘措施。良好的绝缘是保证电气设备和线路正常运行的必要条件,是防止触电事故的重要措施。选用绝缘材料必须与电气设备的工作电压、工作环境和运行条件相适应。不同的设备或电路对绝缘电阻的要求不同。例如,新装或大修后的低压设备和线路,绝缘电压不应低于 0.5MΩ;运行中的线路和设备,绝缘电阻要求每伏工作电压为 1kΩ 以上;高压如 35 kV 的线路和设备,其绝缘电阻不应低于 1000～2500 MΩ。

(2)漏电保护。在带电线路或设备上采取漏电保护器,当发生触电事故时,在很短的时间内能自动切断电源,起到防止人身触电,在某些条件下,也能起到防止电气火灾的作用。

2. 触电急救

触电急救实例表明,触电急救对于减少触电伤亡是行之有效的。因此,对于电气工作人员和所有用电人员来说,掌握触电急救知识是非常重要的。

1)使触电者尽快脱离电源

当发现有人触电时,不可惊慌失措,首先应当设法使触电者迅速而安全地脱离电源。根据触电现场的情况,通常采用以下几种急救方法。

(1)如果触电现场远离开关或不具备关断电源的条件,只要触电者穿的是比较宽松的干燥衣服,救护者可站在干燥木板上,用一只手抓住衣服将其拉离电源,如图 1.2.4 所示。但切不可触及触电者的皮肤。也可用干燥木棒、竹竿等将电线从触电者身上挑开,如图 1.2.5 所示。

图 1.2.4　将触电者拉离电源　　　　　图 1.2.5　将触电者身上电线挑开

(2)如果触电发生在火线与大地之间,一时又不能把触电者拉离电源,可用干燥绳索将触电者身体拉离地面,或用干燥木板将人体与地面隔离开,以切断通过人体流入大地的电流,然后再设法关断电源,使触电者脱离带电体。

(3)如果手边有绝缘导线,可先将一端良好接地,另一端与触电者所接触的带电体相接,使该相电源对地短路,迫使电路跳闸或断开熔断丝,达到切断电源的目的。

（4）救护者也可用手头的刀、斧、锄等带绝缘柄的工具或硬棒，在电源的来电方向将电线砍断或撬断。

2）口对口人工呼吸法

人工呼吸法是帮助触电者恢复呼吸的有效方法，只对停止呼吸的触电者使用。在几种人工呼吸方法中，以口对口呼吸法效果最好，也最容易掌握。其操作步骤如下。

（1）首先使触电者仰卧，迅速解开触电者的衣领、围巾、紧身衣服等，除去口腔中的黏液、血液、食物、假牙等杂物。

（2）将触电者的头部尽量后仰，鼻孔朝上，颈部伸直。救护人在触电者的一侧，一只手捏紧触电者的鼻孔，另一只手掰开触电者的嘴巴。救护人深吸气后，紧贴着触电者的嘴巴大口吹气，使其胸部膨胀；之后救护人换气，放松触电者的嘴鼻，使其自动呼气。如此反复进行，吹气 2s，放松 3s，大约 5s 一个循环。

（3）吹气时要捏紧鼻孔，紧贴嘴巴，不使之漏气，放松时应能使触电者自动呼气。其操作示意如图 1.2.6 至图 1.2.9 所示。

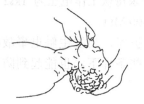

图 1.2.6　头部后仰

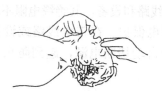

图 1.2.7　捏鼻掰嘴

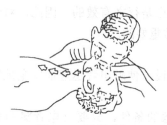

图 1.2.8　贴紧吹气

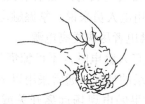

图 1.2.9　放松换气

（4）如果触电者牙关紧闭，一时无法撬开，可采取口对鼻吹气的方法。

（5）对体弱者和儿童吹气时用力应稍轻，不可让其胸腹过分膨胀，以免肺泡破裂。当触电者自己开始呼吸时，人工呼吸应立即停止。

3）胸外心脏按压法

胸外心脏按压法是帮助触电者恢复心跳的有效方法。当触电者心脏停止跳动时，有节奏地在胸外廓加力，对心脏进行按压，代替心脏的收缩与扩张，达到维持血液循环的目的。其操作要领如图 1.2.10 至图 1.2.13 所示，其步骤如下。

图 1.2.10　正确压点

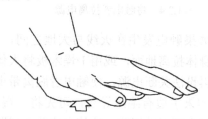

图 1.2.11　叠手姿势

图1.2.12 向下按压

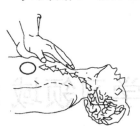
图1.2.13 迅速放松

（1）将触电者衣服解开，使其仰卧在硬板上或平整的地面上，找到正确的挤压点。通常是，救护者伸开手掌，中指尖抵住触电者颈部凹陷的下边缘，手掌的根部就是正确的压点。

（2）救护人跪跨在触电者腰部两侧的地上，身体前倾，两臂伸直，两手相叠，以手掌根部放至正确压点。

（3）掌根均衡用力，连同身体的重量向下按压，压出心室的血液，使其流至触电者全身各部位。压陷深度为成人 3~5cm，对儿童用力要轻。太快太慢或用力过轻过重，都不能取得好的效果。

（4）按压后掌根突然抬起，依靠胸廓自身的弹性，使胸腔复位，血液流回心室。

重复（3）、（4）步骤，每分钟 60 次左右为宜。

总之，使用胸外心脏按压法要注意压点正确，下压均衡、放松迅速、用力和速度适宜，要坚持做到心跳完全恢复。如果触电者心跳和呼吸都已停止，则应同时进行胸外心脏按压和人工呼吸法。一人救护时，两种方法可交替进行；两人救护时，两种方法应同时进行，但两人必须配合默契。

1. 组织学生观看口对口人工呼吸法和胸外心脏按压法的教学录像。
2. 以上模拟训练两人一组，交换进行，认真体会操作要领。

学习领域 2　直流电路

项目 1　简单电器的拆装与电路图的识读

　学习目标

1. 认识简单的实物电路。
2. 了解电路的基本组成。
3. 识读基本的电气符号和简单的电路图。

　工作任务

搭建简单电路，识读电气符号及电路图。

▍第 1 步　拆装简单的实物电路

观察图 2.1.1 所示简单的实物电路。通过拆装简易电器装置等实践活动，了解电路的基本组成。

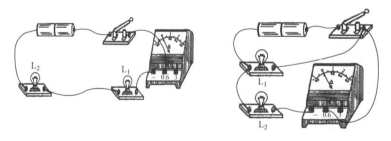

图 2.1.1　几种简单的实物电路

链接

通过前面的实验我们了解电路的基本组成。下面开始学习这方面的知识。
（1）由电源、用电器、导线和开关等组成的闭合电路，称为电路。
（2）电路的组成。

① 电源（供能元件）：为电路提供电能的设备和器件（如电池、发电机等）。
② 用电器（耗能元件）：使用（消耗）电能的设备和器件（如白炽灯等用电器）。
③ 导线：将电气设备和元器件按一定方式连接起来（如各种铜、铝电缆线等）。
④ 开关：控制电路工作状态的器件或设备（如开关等）。

（3）电路的状态。

① 通路（闭路）：电源与负载接通，电路中有电流通过，进行能量转换。
② 开路（断路）：电路中没有电流通过，又称为空载状态。
③ 短路（捷路）：电源两端的导线直接相连接，输出电流过大对电源来说属于严重过载，如没有保护措施，电源或电器会被烧毁或发生火灾，所以通常要在电路或电气设备中安装熔断器等保护装置，以避免发生短路时出现不良后果。

▮▮ 第 2 步　识读简单的电路图

观察图 2.1.2 所示简单的电路图，识读基本的电气符号。

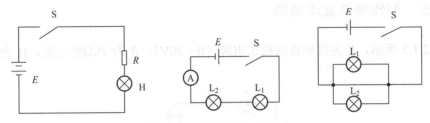

图 2.1.2　几种简单的电路图

🔍 链接

（1）电路图：用规定的图形符号表示电路连接情况的图。
图形符号要遵守国家标准。
（2）几种常用的标准图形符号如图 2.1.3 所示。

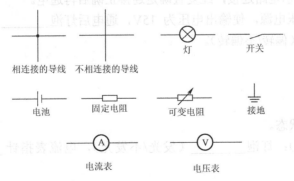

图 2.1.3　标准图形符号

🔍 拓展

观察图 2.1.4 所示的手电筒。

 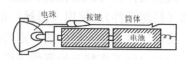

图 2.1.4 手电筒示意图

（1）按下手电筒的开关按钮，观察电灯的发光情况。
（2）打开手电筒的后盖（或前端）进行观察，电池是怎样安放的？后盖与电池是怎样连接的？观察开关按钮的结构，了解它的作用。
（3）旋开手电筒的前部进行观察，电灯是怎样安装的？
（4）画出手电筒的电路图。

第 3 步　制作简单直流电路

如图 2.1.5 所示，E 为可调直流稳压电源（0～30V），R 为 2kΩ 的电阻，H 为 2.5W 的小灯泡。

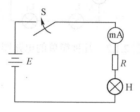

图 2.1.5　简单直流电路

实验步骤如下。
（1）按图 2.1.5 所示电路连接，经复查确定连接正确后再通电。
（2）调节直流稳压电源，使输出电压为 15V，通电后灯泡＿＿＿＿（发光/不发光），电流表指针＿＿＿＿（偏转/不偏转）。

电路的三种工作状态。
（1）通路（闭路）：灯泡＿＿＿＿（发光/不发光），电流表指针＿＿＿＿（偏转/不偏转）。
（2）开路（断路）：灯泡＿＿＿＿（发光/不发光），电流表指针＿＿＿＿（偏转/不偏转）。
（3）短路（捷路）：灯泡＿＿＿＿（发光/不发光），电流表指针＿＿＿＿（偏转/不偏转）。

习题

1. 电路由_____、_____、_____和_____组成。
2. 电源是把_____转化为_____的设备。
3. 用电器能将_____转化为我们所需要的能。几种常见用电器如电灯主要将电能转化为_____，手电筒主要将电能转化为_____，收音机主要将电能转化为_____，电饭锅主要将电能转化为_____。

项目2 电参数的测量

学习目标

1. 理解电路中电流、电压、电位、电动势、电能、电功率等常用物理量的概念。
2. 能对直流电路的常用物理量进行简单的分析与计算。

工作任务

对直流电路的常用物理量进行简单的分析与计算。

第1步 理解电流

如图 2.2.1 所示，E 为直流稳压电源 15V，R 为 2kΩ 的电阻，H 为 2.5W 的小灯泡。

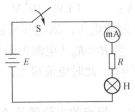

图 2.2.1 电路图

合上开关（通电）后，观察到灯泡发光，电流表指针偏转，记录电流表的读数：$I=$ _____mA。

链接

（1）电流的定义：电荷的定向移动形成电流。

注意：电荷的定向移动和热运动的区别，热运动是无规则的运动。

（2）产生持续电流的条件：导体两端保持有电压。

（3）电流强度。

① 定义：电流的大小称为电流强度（简称电流，符号为 I），是指单位时间内通过导线

某一截面的电荷量,每秒通过 1 库仑的电量称为 1 安培(A)。

② 公式: $I = \dfrac{q}{t}$

③ 单位:安培(A)是国际单位制中的基本单位。常用的单位还有毫安(mA)、微安(μA)。

④ 方向:与正电荷的移动方向相同,与负电荷的移动方向相反。

注意:① 电流强度既有大小又有方向,是一个标量。

② 公式中:$I = \dfrac{q}{t}$;q 为通过导体横截面的电量,不是单位面积的电量。

(4) 直流电:方向不随时间而改变的电流(方向不变,但大小可变)。

(5) 恒定电流:方向和大小都不随时间改变的电流。

■ 第 2 步 理解电压、电位、电动势

如图 2.2.2 所示,E 为直流稳压电源 15V,R 为 2kΩ 的电阻,H 为 2.5W 的小灯泡。

合上开关(通电)后,观察到灯泡发光,用电压表测量直流稳压电源 E 和电阻 R 两端的电压,并记录:$E =$ _____ V,$U_R =$ _____ V。

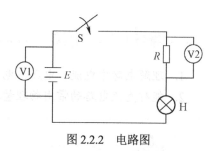

图 2.2.2 电路图

🔍 链接

(1) 电压是指电路中两点之间的电位差,其大小等于单位正电荷因受电场力作用从一点移动到另一点所做的功,电压的方向规定为从高电位指向低电位的方向。

电压的国际单位制为伏特(V),常用的单位还有毫伏(mV)、微伏(μV)、千伏(kV)等,它们与伏特的换算关系为

$1\text{ mV} = 10^{-3}\text{ V}$; $1\text{ μV} = 10^{-6}\text{ V}$; $1\text{ kV} = 10^{3}\text{ V}$

(2) 加在外电路两端的电压称为端电压,端电压将随外电路的电阻而改变。负载电阻 R 值越大,其两端电压 U 也越大;当 $R \gg R_0$(电源内阻)时(相当于开路),则 $U = E$;当 $R \ll R_0$ 时(相当于短路),则 $U = 0$,此时电流很大,电源容易烧毁。

(3) 电位 V。

电路中每一点都应有一定的电位,每点的电位就是该点相对于零电位点的电压。

由此可见,要确定电路中各点的电位,首先要确定零电位点的电位。

原则上讲,零电位点可以任意选定,但习惯上常规定,接地点的电位为零电位点或电路中电位最低点的电位为零电位点。

电位零点选取不同,则电路中同一点的电位也会不同,即电位是相对的,其大小与零电位点的选取有关。电位零点选取不同,但电路中任两点的电压却是不变的,$U_{AB} = V_A - V_B$。即电压是绝对的。

(4) 电动势的大小等于电源力(非静电力)把单位正电荷从电源的负极,经过电源内部移到电源正极所做的功。如设 W 为电源中非静电力把正电荷量 q 从负极经过电源内部移送到电源正极所做的功,则电动势大小为

$$E=\frac{W}{q}$$

电动势的方向规定为从电源的负极经过电源内部指向电源的正极,即与电源两端电压的方向相反。

■ 第3步 理解电能、电功率

(1) 电能是指在一定的时间内电路元件或设备吸收或发出的电能量。电能的计算公式为 $W=Pt=UIt$。电能的国际单位制为焦耳(J),通常电能用度(kW·h)来表示:1度(电) = 1 kW·h = 3.6 × 10^6 J,即功率为1000 W的耗能元件,在1小时的时间内所消耗的电能量为1度(电)。

(2) 电功率是指电路元件或设备在单位时间内吸收或发出的电能。

电功率的计算公式为 $P=\frac{W}{t}$,即

$$P=UI$$

功率的国际单位制单位为瓦特(W),常用的单位还有毫瓦(mW)、千瓦(kW),它们与 W 的换算关系是:1 mW = 10^{-3} W;1 kW = 10^3 W。

(3) 电路中发出功率的器件称为电源(供能元件),吸收功率的器件称为负载(耗能元件)。

通常把耗能元件吸收的功率写成正数 $P>0$,把供能元件发出的功率写成负数 $P<0$,而储能元件(如理想电容、电感元件)既不吸收功率也不发出功率,其功率 $P=0$。

通常所说的功率 P 又称为有功功率或平均功率。

🔍 链接

1. 焦耳定律

电流通过导体时产生的热量:

$$Q=I^2Rt$$

式中,I ——通过导体的直流电流或交流电流的有效值;
  R ——导体的电阻值;
  t ——通过导体电流持续的时间;
  Q ——焦耳热。

2. 电气设备的额定值

为了保证电气设备和电路元件能够长期安全地正常工作,规定了额定电压、额定电流、额定功率等铭牌数据。

(1) 额定电压——电气设备或元器件在长期正常工作条件下允许施加的最大电压。
(2) 额定电流——电气设备或元器件在长期正常工作条件下允许通过的最大电流。
(3) 额定功率——在额定电压和额定电流下消耗的功率,即允许消耗的最大功率。
(4) 额定工作状态——电气设备或元器件在额定功率下的工作状态,也称为满载状态。
(5) 轻载状态——电气设备或元器件在低于额定功率的工作状态,轻载时电气设备不

18　电工电子技术基础与技能（非电类）（多学时）

能得到充分利用。

（6）过载（超载）状态——电气设备或元器件在高于额定功率的工作状态，过载时电气设备很容易被烧坏或造成严重事故。

生活中的电流值：

电子手表为 1.5～2μA，电子计算器为 150μA，移动电话：待机电流为 15～50mA、开机电流为 60～300mA、发射电流为 200～400mA，日光灯约 150mA，电冰箱约 1A，微波炉约 2.8～4.1A，电饭煲约 3.2～4.5A，柜式空调约 10A，高压输电线约 200A，闪电约（2～20）×10^4A。

如图 2.2.3 所示，E 为直流稳压电源 15V，R 为 2kΩ 的电阻，H 为 2.5W 的小灯泡。

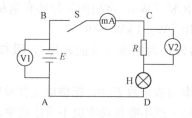

图 2.2.3　电路图

实验步骤如下。

（1）按图 2.2.3 所示电路连接，假设电源负极为零电位点。

（2）断开开关，电流表读数 I=＿＿＿＿，电压表读数 U_1=＿＿＿＿、U_2=＿＿＿＿。

说明电源两端的电压为＿＿＿＿，电阻两端的电压为＿＿＿＿，电路中 A、B、C、D 各点电位分别为＿＿＿＿、＿＿＿＿、＿＿＿＿、＿＿＿＿。

（3）闭合开关，电流表读数 I=＿＿＿＿，电压表读数 U_1=＿＿＿＿、U_2=＿＿＿＿。

说明电源两端的电压为＿＿＿＿，电阻两端的电压为＿＿＿＿，电路中 A、B、C、D 各点电位分别为＿＿＿＿、＿＿＿＿、＿＿＿＿、＿＿＿＿。

讨 论

1．电压与电位的关系？
2．电动势与端电压的关系？
3．电能与电热的关系？

一、填空题

1．电荷的＿＿＿＿移动就形成了电流，规定＿＿＿＿电荷移动的方向为电流的方向，电路中形成电流的条件为_____、_____。

2. 若1min内通过某一导线截面的电荷量是6C，则通过该导线的电流是____A，合____mA；合____μA。

3. 电路中某点的电位，就是该点与零电位之间的_____。计算某点的电位，可以从这点出发通过一定的路径绕到该点，此路径上_____的代数和。

4. 已知：$U_{AB}=-20V$，$V_B=30V$，则 $V_A=$_____。

5. 一只220V、40W的白炽灯。当它接在110V的电路上，它的实际功率是_____。

6. 一度电可以使标有"220V、25W"的白炽灯正常工作_____小时。

7. 外电路的电阻_____电源内阻时，电源的输出功率_____。此时称负载与电源匹配。

二、判断题

1. 电路中，电流的方向总是由高电位流向低电位。（ ）
2. 电路中，电压的方向总是由高电位指向低电位的。（ ）
3. 电源电动势大小由电源本身的性质决定，与外电路无关。（ ）
4. 我们规定自负极通过电源内部指向正极的方向为电动势的方向。（ ）
5. 电路处于开路状态时，端电压等于电源的电动势。（ ）
6. 电路中，负载电阻值越大，其端电压就越高。（ ）
7. 若选择不同的零电位点时，电路中各点的电位将发生变化，但电路中任意两点间的电压却不会改变。（ ）

项目3　电阻的识别和测量

学习目标

1. 了解电阻器和电位器的外形、结构、作用、主要参数，会计算导体的电阻。
2. 了解电阻与温度的关系和超导现象。
3. 能区别线性电阻和非线性电阻，了解其在实际工作中的典型应用。

工作任务

认识电阻，了解电阻的测量方法。

第1步　认识电阻

观察图2.3.1所示几种实物电阻。

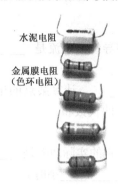  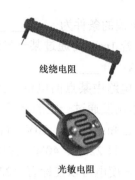

水泥电阻
金属膜电阻（色环电阻）
多圈线绕电位器
线绕电阻
光敏电阻

图 2.3.1　电阻实物图

（1）电阻 R 是表示物体阻碍自由电子定向移动作用的物理量。

导体的电阻是由它本身的物理条件决定的，如导体的长短、粗细、材料、温度。

在温度不变（$t=20℃$）的情况下，电阻的大小为 $R=\rho\dfrac{l}{S}$，其国际单位制为欧姆（Ω）

（2）电阻器的种类有很多，通常分为三大类：固定电阻、可变电阻、特种电阻，其元件图形符号如图 2.3.2 所示。

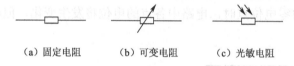

（a）固定电阻　　（b）可变电阻　　（c）光敏电阻

图 2.3.2　电阻的图形符号

（3）电阻与温度的关系。

温度对电阻的影响：① 自由电子受到的阻碍增加；② 带电粒子数目增加，更容易导电。

温度对不同材料电阻的影响：① 一般导体，温度升高，电阻增大；② 少数合金，不受温度的影响；③ 特殊合金和金属的化合物，在极低温状态下电阻突然为零（超导现象）。

温度对同一材料导体电阻的影响：电阻元件的电阻值大小一般与温度有关，衡量电阻受温度影响大小的物理量是温度系数。其定义为温度每升高 1℃时，电阻值发生变化的百分数。如果设任一电阻元件在温度 t_1 时的电阻值为 R_1，当温度升高到 t_2 时电阻值为 R_2，则该电阻在 $t_1 \sim t_2$ 温度范围内的（平均）温度系数为

$$\alpha=\dfrac{R_2-R_1}{R_1(t_2-t_1)}$$

（4）伏安特性曲线：通过电阻的电流 I 和它两端电压 U 之间的关系。

线性电阻：电阻值 R 与通过它的电流 I 和两端电压 U 无关（即 $R=$常数）的电阻元件，其伏安特性曲线在 $I-U$ 平面坐标系中为一条通过原点的直线。

非线性电阻：电阻值 R 与通过它的电流 I 和两端电压 U 有关（即 $R\ne$常数）的电阻元件，其伏安特性曲线在 $I-U$ 平面坐标系中为一条通过原点的曲线。

通常所说的"电阻"，如不作特殊说明，均指线性电阻。

第 2 步　测量电阻

电阻的测量在电工测量技术中占有十分重要的地位，工程中所测量的电阻值，一般是在 $10^{-6} \sim 10^{12}$ Ω 的范围内。为减小测量误差，选用适当的测量电阻方法。电阻按其阻值的大小分成三类，即小电阻（1 Ω 以下）、中等电阻（1 Ω～0.1 MΩ）和大电阻（0.1 MΩ 以上）。

链接

1．电阻的测量方法分类

（1）按获取测量结果方式分类：
① 直接测阻法；② 间接测阻法。
（2）按被测电阻的阻值的大小分类：
① 小电阻的测量：一般选用毫欧表。要求测量精度比较高时，则可选用双臂电桥法测量。
② 中等电阻的测量：一般用欧姆表进行测量，它可以直接读数，但这种方法的测量误差较大。中等电阻的测量也可以选用伏安法，其测量误差比较大。若需精密测量可选用单臂电桥法。
③ 大电阻的测量：一般选用兆欧表法，可以直接读数，但测量误差也较大。

2．伏安法测电阻

如图 2.3.3 所示，被测电阻为

$$R = \frac{U}{I}$$

图 2.3.3（a）是电流表外接的伏安法，这种测量方法适用于 $R \ll R_V$ 情况，即适用于测量阻值较小的电阻。

图 2.3.3（b）是电流表内接的伏安法，这种测量方法适用于 $R \gg R_A$ 的情况，即适用于测量阻值较大的电阻。

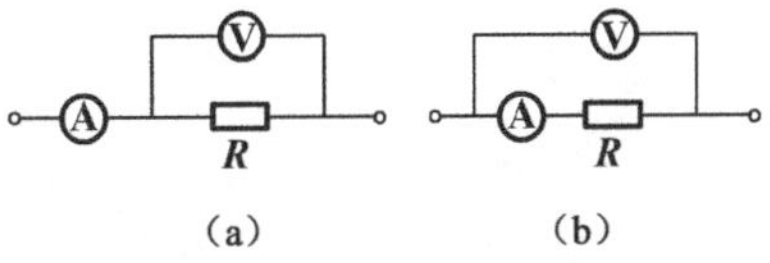

（a）　　（b）

图 2.3.3　伏安法测电阻

3．惠斯通电桥法

惠斯通电桥法可以比较准确地测量电阻，如图 2.3.4 所示。R_1、R_2、R_3 为可调电阻，并且是阻值已知的标准精密电阻。R_x 为被测电阻，当检流计的指针指示到零位置时，称为电桥平衡。此时，B、D 两点为等电位，被测电阻为

$$R_x = \frac{R_2}{R_1} R_3$$

惠斯通电桥有多种形式，常见的是一种滑线式电桥，如图 2.3.5 所示，被测电阻为

$$R_x = \frac{l_2}{l_1} R$$

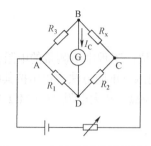

图 2.3.4 惠斯通电桥法测电阻

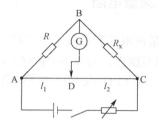

图 2.3.5 滑线式电桥

伏安法测电阻，如图 2.3.6 所示，E 为直流稳压电源 15V，R 为被测电阻。

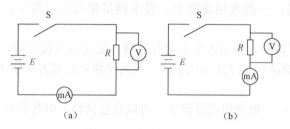

图 2.3.6 伏安法测电阻

实验步骤如下。

（1）按图 2.3.6（a）所示电路连接，闭合开关，电流表读数 $I=$_____，电压表读数 $U=$_____，计算被测电阻 $R=$_____。

（2）按图 2.3.6（b）所示电路连接，闭合开关，电流表读数 $I=$_____，电压表读数 $U=$_____，计算被测电阻 $R=$_____。

结论：因为 R_____，所以用电流表_____的伏安法比较准确。

1. 惠斯通电桥的原理？
2. 为了减小测量误差，应用伏安法测量电阻时应采取哪些措施？
3. 怎样用电桥法测量电阻？为了减小测量误差，在测量中应采取哪些措施？

一、填空题

1. 电阻是表示 _____ 的物理量。在一定温度下，导体的电阻和它的 _____ 成正比，而和它的 _____ 成反比。

2. 电阻的测量可采用 _____、_____、_____，其中采用_____能准确测量电阻。

3. 一根实验用的铜导线，它的横截面积为 $1.5\times 10^{-6}\text{m}^2$，长度为 0.5m，该导线的电阻为_____（温度为20℃，铜的电阻率为 $1.7×10^{-8}$ mΩ）。

4．有段电阻为 16Ω 的导线，把它对折起来作为一条导线用，电阻是_____。

5．两种同种材料的电阻丝，长度之比为 1∶5，横截面积之比为 2∶3，则它们的电阻之比为_____。

6．一电阻的伏安特性曲线如图 2.3.7 所示，则该电阻为_____。

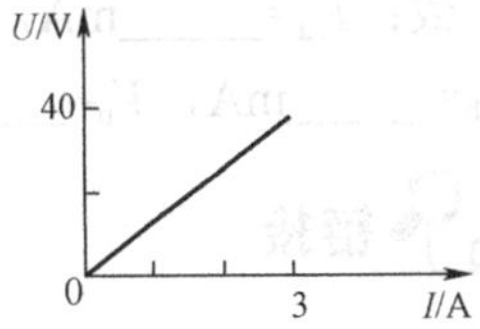

图 2.3.7 伏安特性曲线

二、判断题

1．电阻率的大小反映了物质导电性能的好坏，电阻率越大，表示导电性能越差。（　）

2．金属导体的电阻由它的长短、粗细、材料的性质和温度决定的。（　）

3．一般金属导体的电阻随温度的升高而降低。（　）

4．电阻两端电压为10V时，电阻值为 10Ω，电压升至 20V 时，电阻值将为 20Ω。（　）

5．导体的长度和截面都增大一倍，其电阻值也增大一倍。（　）

三、分析计算题

1．常见的电阻器有几大类？从外形来看各有什么特征？

2．用长为 1.5m、截面积为 $0.2mm^2$ 的金属丝绕制成的电阻阻值为 3Ω，该金属丝的电阻率是多少？

3．铜导线长 100m，横截面积为 $0.1mm^2$，试求该导线在 50℃时的电阻值。

项目 4 电路基本定律的认识与应用

学习目标

1．理解欧姆定律的概念，能利用其对电路进行分析与计算。
2．理解基尔霍夫定律，能应用 KCL、KVL 列出电路方程。

工作任务

能利用电路基本定律对电路进行分析与计算。

第 1 步　理解欧姆定律

如图 2.4.1 所示，E 为直流稳压电源 15V，R_1 为 5kΩ 的电阻，R_2 为 10kΩ 的可调电阻。

合上开关，移动滑动头 P，使得 P 分别在 a 点（中点）、b 点（最右端），观察电流（电压）表指针的偏转情况，记录电流表的读数：I_{1a}=＿＿mA，I_{2a}=＿＿mA，V_a=＿＿V；I_{1b}=＿＿mA，I_{2b}=＿＿mA，V_b=＿＿V。

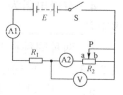

图 2.4.1　电路图

🔍 链接

欧姆定律

1. 部分电路欧姆定律（也称为外电路欧姆定律）

电路中，流过电阻的电流 I，与加在电阻两端的电压 U 成正比，与电阻的阻值 R 成反比，即

$$I = \frac{U}{R}$$

2. 全电路欧姆定律

全电路是指电源以外的电路（外电路）和电源（内电路）之总和。

全电路欧姆定律：电路中的电流 I，与电源的电动势 E 成正比，与外电路的电阻 R 与内电路的电阻 r 之和成反比，即

$$E = IR + Ir \quad 或 \quad I = \frac{E}{R + r}$$

应该注意的是：欧姆定律适用于金属导体和通常状态下的电解质溶液，对气态导体和其他一些导电元件（电子管，热敏电阻）不适用。

■ 第 2 步　理解基尔霍夫定律

如图 2.4.2 所示，合上开关 S_1、S_2（电路通电），观察 A_1、A_2、A_3 三表读数之间的关系？

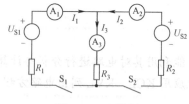

图 2.4.2　电路图

🔍 链接

基尔霍夫定律

1. 常用电路名词

（1）支路：电路中每个分支视为一条支路，且分支上的电流都相同。每条分支上电流和电压分别称为支路电流和支路电压。

在图 2.4.3 中：abc、adc、ac 为三条支路。其中，abc、adc 支路包含电源，称为有源支路，ac 支路无电源称为无源支路。

（2）节点：三条或三条以上的支路的连接点称为节点。

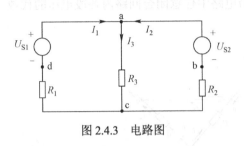

图 2.4.3　电路图

在图 2.4.3 中，a、c 为节点；b、d 不是节点。

（3）回路：由支路组成的任一闭合路径称为回路。在图 2.4.3 中，adca、abca、abcda 为回路。

（4）网孔：将电路画在平面上内部不含有支路的回路称为网孔。图 2.4.3 中，adca、abca 为网孔。

（5）网络：在电路分析范围内网络是指包含较多元件的电路。

2. 基尔霍夫电流定律（节点电流定律）

基尔霍夫电流定律（简写 KCL），它反映了电路中任一节点所连接的各支路电流之间的约束关系。

任意时刻，流入电路中任一节点的电流之和恒等于流出该节点的电流之和。

或陈述为：任意时刻，流入电路中任一节点的电流的代数和恒为零，即 $\Sigma I_{流入}=\Sigma I_{流出}$ 或 $\Sigma I=0$。

例如，图 2.4.3 中，在节点 a 上：$I_1+I_2=I_3$ 或 $I_1+I_2-I_3=0$。

在使用 $\Sigma I=0$ 公式时，一般可在流入节点的电流前面取"＋"号，在流出节点的电流前面取"－"号，反之亦可。

【例 2.4.1】图 2.4.4 所示电路中的 a、b、d 节点写出的 KCL 方程。

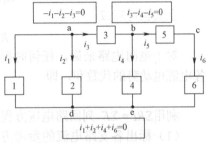

图 2.4.4　电路图

【解】在节点 a 上：　　　　　$-i_1-i_2-i_3=0$
　　　在节点 b 上：　　　　　$i_3-i_4-i_5=0$
　　　在节点 c 上：　　　　　$i_1+i_2+i_4+i_6=0$

在使用电流定律时，必须注意：

① 对于含有 n 个节点的电路，只能列出（$n-1$）个独立的电流方程。

② 列节点电流方程时，只需考虑电流的参考方向，然后再带入电流的数值。

为分析电路的方便，通常需要在所研究的一段电路中事先选定（即假定）电流流动的方向，称为电流的参考方向，通常用"→"号表示。

电流的实际方向可根据数值的正、负来判断，当 $I>0$ 时，表明电流的实际方向与所标定的参考方向一致；当 $I<0$ 时，则表明电流的实际方向与所标定的参考方向相反。

【例 2.4.2】如图 2.4.5 所示电桥电路，已知 $I_1=25\ \text{mA}$，$I_3=16\ \text{mA}$，$I_4=12\ \text{mA}$，试求其余电阻中的电流 I_2、I_5、I_6。

【解】在节点 a 上：　　　　$I_1=I_2+I_3$，则 $I_2=I_1-I_3=25-16=9\ \text{mA}$
　　　在节点 d 上：　　　　$I_1=I_4+I_5$，则 $I_5=I_1-I_4=25-12=13\ \text{mA}$
　　　在节点 b 上：　　　　$I_2=I_6+I_5$，则 $I_6=I_2-I_5=9-13=-4\ \text{mA}$

电流 I_2 与 I_5 均为正数，表明它们的实际方向与图中所标定的参考方向相同，I_6 为负数，表明它的实际方向与图中所标定的参考方向相反。

3. 基夫尔霍电压定律（回路电压定律）

基尔霍夫电压定律（简写 KVL）：在任意时刻沿电路中任意闭合回路内各段电压的代数和恒为零。其数学表达式为

$$\Sigma U = 0$$

以图 2.4.6 电路说明基尔霍夫电压定律。

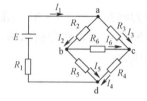
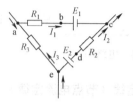

图 2.4.5 电桥电路　　　　图 2.4.6 电路图

沿着回路 abcdea 绕行方向，有

$U_{ac} = U_{ab} + U_{bc} = R_1 I_1 + E_1$，　$U_{ce} = U_{cd} + U_{de} = -R_2 I_2 - E_2$，　$U_{ea} = R_3 I_3$

则
$$U_{ac} + U_{ce} + U_{ea} = 0$$

即
$$R_1 I_1 + E_1 - R_2 I_2 - E_2 + R_3 I_3 = 0$$

上式也可写成
$$R_1 I_1 - R_2 I_2 + R_3 I_3 = -E_1 + E_2$$

对于电阻电路来说，任何时刻，在任一闭合回路中，各段电阻上的电压降代数和等于各电源电动势的代数和，即

$$\Sigma RI = \Sigma E$$

利用 $\Sigma RI = \Sigma E$ 列回路电压方程的原则：

（1）标出各支路电流的参考方向并选择回路绕行方向（既可沿着顺时针方向绕行，也可沿着反时针方向绕行）；

（2）电阻元件的端电压为 $\pm RI$，当电流 I 的参考方向与回路绕行方向一致时，选取"+"号；反之，选取"–"号；

（3）电源电动势为 $\pm E$，当电源电动势的标定方向与回路绕行方向一致时，选取"+"号，反之应选取"–"号。

基尔霍夫定律验证电路如图 2.4.7 所示。

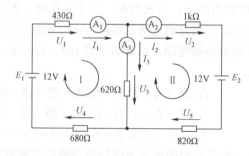

图 2.4.7　基尔霍夫定律验证电路

1. 验证基尔霍夫电流定律（KCL）

电压源 E_1、E_2 共同作用于电路，用直流电流表分别测量电流 I_1、I_2 和 I_3，注意电流的参考方向，将测量结果记入表 2.4.1，并计算各电流之和 ΣI。

表 2.4.1 验证基尔霍夫电流定律

电压源：E_1=12V E_2=12V	I_1	I_2	I_3	ΣI
测量值（A）				

2. 验证基尔霍夫电压定律（KVL）

用直流电压表分别测量各电阻电压 U_1、U_2、U_3、U_4 及 U_5，注意电压的参考方向，将测量结果记入表 2.4.2，并计算各电压之和 ΣU_I 及 ΣU_{II}。

表 2.4.2 验证基尔霍夫电压定律

电压源：E_1=12V E_2=12V	U_1	U_2	U_3	U_4	U_5	ΣU_I	ΣU_{II}
测量值（V）							

1. ΣI 是否为零？为什么？
2. ΣU_I 及 ΣU_{II} 是否为零？为什么？

一、填空题

1. 基尔霍夫第一定律指出：流过电路中任一节点＿＿＿＿＿＿＿＿为零，基尔霍夫第二定律指出：在任一闭合回路，＿＿＿＿＿＿＿＿为零。

2. 如图 2.4.8 所示电路中，有＿＿＿＿个节点，有＿＿＿＿个回路，用支路电流法求各支路电流时，可以列＿＿＿＿个独立的节点电流方程和＿＿＿＿个独立的回路电压方程。

3. 如图 2.4.9 所示电路中，有＿＿＿＿条支路，有＿＿＿＿个节点，有＿＿＿＿个回路。

4. 如图 2.4.10 所示电路，已知：I_1=25mA，I_3=16mA，I_4=10mA，则 I_2=＿＿＿，I_5=＿＿＿，I_6=＿＿＿。

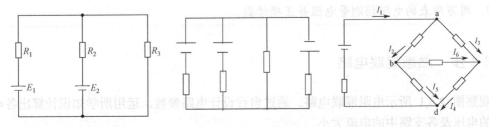

图 2.4.8 简单电路图　　　图 2.4.9 电路图　　　图 2.4.10 电桥电路

二、是非题

1. 电路中任意一个节点上，流入节点的电流之和，一定等于流出该节点的电流之和。（　）
2. 基尔霍夫电流定律是指沿任意回路绕行一周，各段电压的代数和一定等于零。（　）
3. 在支路电流法中，用基尔霍夫电流定律列节点电流方程时，若电路有 n 个节点，则一定要列出 n 个方程来。（　）
4. 任意的封闭电路都是回路。（　）
5. 同一条支路中，电流是处处相等的。（　）

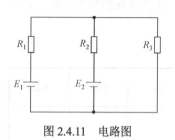

图 2.4.11　电路图

三、计算题

1. 在如图 2.4.11 所示的电路中，已知 $E_1=E_2=17V$，$R_1=1\Omega$，$R_2=5\Omega$，$R_3=2\Omega$，在图中标出各支路假设的电流方向，再用支路电流法求各支路的电流。
2. 在如图 2.4.11 所示的电路中，已知 $E_1=12V$，$E_2=6V$，$R_1=3\Omega$，$R_2=6\Omega$，$R_3=10\Omega$，用支路电流法求各支路的电流。

项目 5　简单直流电路的安装与调试

 学习目标

1. 会使用直流电流表、直流电压表、万用表。
2. 会测量直流电路的电流、电压（电位）。
3. 会使用万用表的电阻挡测量电阻，并能正确读数。

 工作任务

1. 对混联电路中的电流、电压进行测量。
2. 用万用表的电阻挡测量电阻并正确读数。

▌第 1 步　熟悉混联电路

观察图 2.5.1 所示电阻混联电路。通过自行设计电路参数，运用所学知识计算出各电阻两端的电压及各支路中的电流大小。

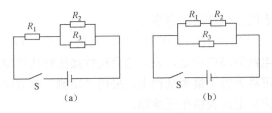

图 2.5.1　混联电路

▌第 2 步　用电压表和电流表测量参数

根据图 2.5.2 所示电路图连接实际电路，并测量相关参数。

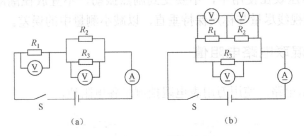

图 2.5.2　测量电路图

🔍 链接

1. 电工仪表常用的测量法

（1）直接测量法。直接测量是指测量结果可以从一次测量的实验数据中得到，如用交流电压表测交流电压。此测量法简便、迅速，但准确度较低。

（2）比较测量法。比较测量法是将被测的量与度量器在比较仪器中进行比较，从而测得被测量数值的一种方法，如用单臂电桥测电阻。此法准确度和灵敏度高，但操作麻烦。

（3）间接测量法。间接测量法是指测出与被测量有函数关系的物理量，然后经过计算求得被测量，如伏安法测电阻。此法的误差较大，一般在估算中使用。

2. 电流表和电压表的使用

电流表、电压表都有交、直流两种，分别用于交、直流电压和电流的测量。从结构原理上讲，以磁电系和电磁系的电流表和电压表为主。

直流电流表、电压表的面板如图 2.5.3 所示。直流电流表是用来测量直流电路中的电流值的；直流电压表是用来测量直流电路中的电压值的。

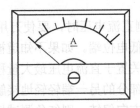 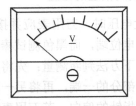

图 2.5.3　直流电流、电压表

直流电流表、电压表的正确使用注意事项：

（1）接线要正确。直流电流表串接在电路中，直流电压表并接在待测电路两端。表上的正极性接线柱接待测电路的高电位处，表上的负极性接线柱接待测电路的低电位处。在不知正、负极的电路中，可将表置于最大量程上，采用"试测"的方法，来判断正负极。如果电源接地，测量电压时应将电压表接在近地端。

（2）防止仪表过载。在测未知量时，应预选大量程的仪表，或在多量程的仪表中选用最大量程来测试，以防仪表过载造成机械损坏和电气烧毁事故。

（3）测前需调零。使用前观察仪表指针是否偏移了零位刻度线，可通过机械调零螺钉，使仪表的指针准确指在零位刻度线上。

（4）电流表、电压表在使用中，不要受到剧烈振动，不宜放在潮湿、暴晒之处。在进行读数时，操作者的视线尽量与标尺保持垂直，以减小测量中的误差。

第3步　测量混联电路电阻值

分析图2.5.4所示电路。使用万用表电阻挡测量各电阻值。

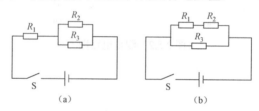

图2.5.4　混联电路

图2.5.5　MF47型万用表

链接

测量电阻大多采用万用表，万用表的种类很多，其表面板上的旋钮、开关的布局也各有差异，如图2.5.5所示为MF47型万用表的外形，所以，在使用万用表之前，必须弄清各部件的作用，同时，也要分清表盘上各标度尺所对应测量的数值。使用万用表时按以下步骤操作。

1. 测量以前，首先检查测试棒接在什么位置上

万用表上有几个插孔，如"+"、"-"、"2500$\frac{V}{}$"、"10$\underline{A}$"等。规定红色测试棒应插"+"孔内或接正极性接线柱，黑色测试棒插在"-"孔内或接负极性接线柱，不得接反。

2. 将旋转开关调到相应的位置

在进行测量电压时，万用表应并接在电路中。测直流电压时，要使万用表红色测试棒接被测部分的高电位端，而黑色测试棒接被测部分的低电位端。如果不知道被测部分的电位高低，可以用以下方法判断测量：先将万用表转换开关置于直流电压最大量程挡，然后将一测试棒接于被测部分的一端，再将另一测试棒在被测部分的另一端轻轻地接触，立即拿开，同时观察万用表指针的偏向，若万用表挡的指针往正方向偏转，则红色测试棒所接触的一端为正极；若万用表指针往反向偏转，则红色测试棒所接触的一端为负极。

MF47 型万用表面板上的"2500$\underline{V}$"插孔,是为测量高电压使用的,测量时将红测试棒插入"2500$\underline{V}$"接线孔中,黑测试棒插入"−"极孔中,将万用表放在绝缘良好的物体上,方能正确测量。"10$\underline{A}$"插孔则是用于测量大电流的,测量时将红测试棒插入"10$\underline{A}$"接线孔中,黑测试棒插入"−"极孔中,这样就可以测量 500mA~5A 的电流。

3. 正确选择转换开关的位置

例如,要测交流电压,则将转换开关旋至标有交流电压挡的区间;若需要测量电阻,则将转换开关旋至标有"Ω"的区间,其他需要测量的物理量以此类推。

在转换开关位置的调定中,要注意旋钮准确到位,否则,将会损坏甚至烧毁表头。如需测量电压,而误选了测量电流或电阻的种类,就会在测量时将表头严重损伤,甚至烧毁。所以在测量之前,必须仔细核对选择的挡位。

4. 正确选择量程

量程的正确选择,将减少测量中的误差。测量时应根据被测物理量的大约数值,先把转换开关旋到该种类区间的适当量程上,在测量电流或电压时,最好使指针指示在满刻度的 2/3 以上,这样测量的结果比较准确。例如,要测量 220V 的交流电压,就可选用"$\underline{V}$"区间 250V 的量程挡上,如果被测量的数值不能预先知道,则在测量前将转换开关旋到该区间最大量程挡,然后进行测量。如果读数太小,再逐步缩小量程。

5. 在相应标度尺上读数

在万用表的表盘上有很多条标度尺,如图 2.5.6 所示,它们分别在测量各种不同的被测量对象时使用,因此在进行测量时,要在相应的标度尺上读数。例如:标有"Ω"的标度尺是欧姆挡,在测量直流电阻时用;标有"$\underline{V}$"的标度尺是测交流电压时用;标有"$\underline{V}$"的标度尺为测直流电压时用。所读的标度尺必须与万用表的转换开关的量程相符。

图 2.5.6 MF47 型万用表表盘

6. 使用万用表应注意的事项

(1)在使用万用表时,一般都是手握测试棒进行测量,因此,要注意手不要触及测试棒的金属部分,以保证人身安全和测量数据的准确度。

(2)用万用表测较高电压和较大电流时,不能带电旋动开关旋钮。例如,测量大于 0.5A 的直流电流,高于 220V 的电压时,带电旋动旋钮开关,必然会在开关触点上产生电弧,严重的会使开关烧毁。

(3)当转换开关置于测电流或测电阻的位置上时,切勿用来测电压,更不能将两测试棒跨接在电源上,因为此时表头内阻很小,当用来测电压时,表头通过大电流,致使万用表立刻烧毁。

(4)万用表使用完毕,一般应将转换开关旋转到空挡或交流电压最高的一挡,防止转换开关在欧姆挡时,测试棒短路耗电,更重要的是可以防止在下一次测量时,不注意转换开关所在位置,立即使用万用表去测量交流电压而将万用表烧坏。

7. 用万用表测量直流电阻

（1）估测电阻值。观察电阻器的标称值或根据电阻器的外观特点，凭经验估计电阻值的大概数值。

（2）选择适当的倍率挡。面板上"×1、×10、×100、×1k、×10k"的符号表示倍率数，表头的读数乘以倍率数就是所测电阻的阻值。在使用万用表进行测量直流电阻时，要根据所测量的范围，选择适当的倍率数，使指针指示在靠近刻度盘的中间位置，即图 2.5.7 所示标度尺的中心偏右的位置。在进行测量直流电阻时，越是接近刻度盘中心点，量出来的数值越准确，指针所指的越是往左，所得出的读数准确性越差。例如，测 100Ω 的电阻，可用"R×1"挡来测，但没有用"R×10"这一挡测量的数值更准确。

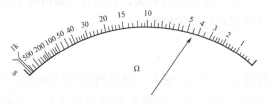

图 2.5.7 欧姆表标尺

（3）进行欧姆"调零"。为减小测量中的误差，在测量电阻之前，首先将两根测试棒"短接"（即碰在一起），并同时旋转"欧姆挡调零旋钮"，使指针正好指在"Ω"标度尺上的零位。

如果旋动"欧姆调零旋钮"无法使指针达到零位，这证明万用表电池的电压过低，已不符合要求，应立即更换新电池。

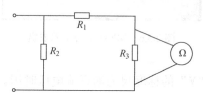

图 2.5.8 被测电阻有并联支路的情况

（4）不能带电进行测量。测量电阻时，必须切断电路中的电源，确保被测电阻中没有电流。因为带电测量，不但影响测量的准确度，还可能烧坏表头。

（5）被测量的对象不能有并联支路存在。这样测得的电阻将不是被测电阻真实阻值，而是某一等效电阻值。如图 2.5.8 电路中，万用表测得 R_3 两端的电阻值为 $(R_1+R_2)//R_3$。若有这种电路，应把被测电阻的一端焊下来，然后进行测量。

另外，不允许用欧姆挡去直接测量微安表、检流计和耐压低、电流小的半导体元件，以免损害被测元件。此外，在使用万用表欧姆挡的间歇中，不要让两根测试棒短接，以免浪费电池。

拓展

1. 测量一下手电中干电池的电压及工作时的电流。

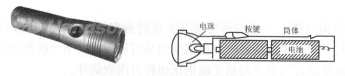

2. 思考一下电动车电池工作的电压和电流的测量方法及大小。

3. 思考一下手机电池工作的电压。

在表 2.5.1～表 2.5.3 中填写第 1～3 步中设计的参数及各项数据。

表 2.5.1　设计参数

电源电压	R_1 电阻值	R_2 电阻值	R_3 电阻值

表 2.5.2　测量的电压、电流值

	R_1	R_2	R_3
电压			
电流			

表 2.5.3　测量的电阻值

	R_1	R_2	R_3
电阻值			

1. 怎样测量表头的内阻？
2. 用万用表来检测在路电阻时应注意什么？

1. 电压、电流表的正负极如何正确与电路连接？
2. 电压表测量开路电压时的测量值比真实值偏大还是偏小？

*学习领域 3　磁场与电磁感应

*项目 1　认识磁场及磁路

1. 了解磁场及电流的磁场。
2. 了解安培力的大小及方向。
3. 了解磁路、主磁通和漏磁通的概念。

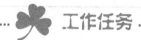

了解磁场和磁路的物理量。

第 1 步　了解磁场基本概念

磁场是磁体周围存在的一种特殊的物质，一般用磁感线来描述，磁感线上每一点的切线方向都与该点的磁场方向相同。观察图 3.1.1 中条形磁铁的磁感线。

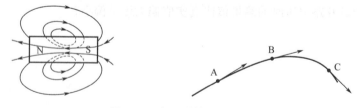

图 3.1.1　条形磁铁的磁感线

链接

（1）磁场：磁体周围存在的一种特殊的物质。磁体间的相互作用力是通过磁场传送的。磁体间的相互作用力称为磁场力，同名磁极相互排斥，异名磁极相互吸引。

（2）磁场的性质：磁场具有力的性质和能量性质。

（3）磁场方向：在磁场中某点放一个可自由转动的小磁针，它 N 极所指的方向即为该点的磁场方向。

（4）磁感线：描述磁场的闭合曲线，在磁体外部，磁感线从 N 极出来，进入 S 极；在磁体内部，磁感线的方向由 S 极指向 N 极。磁感线的切线方向表示磁场方向，其疏密程度表示磁场的强弱。

（5）匀强磁场：在磁场中某一区域，磁场的大小方向都相同。匀强磁场的磁感线是一系列疏密均匀、相互平行的直线。

第 2 步　了解电流的磁场

电流的周围存在磁场。观察图 3.1.2 中直线电流、环行电流和螺线管电流的磁场。

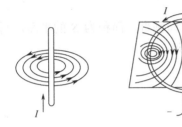
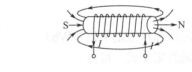

图 3.1.2　电流的磁场

链接

（1）电流的周围存在磁场的现象称为电流的磁效应。电流的磁效应揭示了磁现象的电本质。

（2）电流所产生的磁场方向用安培定则来判定，如图 3.1.3 所示。

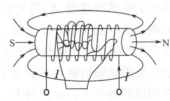

图 3.1.3　安培定则

直线电流所产生的磁场方向可用安培定则来判定，方法是：用右手握住导线，让拇指指向电流方向，四指所指的方向就是磁感线的环绕方向。

环形电流的磁场方向也可用安培定则来判定，方法是：让右手弯曲的四指和环形电流方向一致，伸直的拇指所指的方向就是导线环中心轴线上的磁感线方向。螺线管通电后，磁场方向仍可用安培定则来判定：用右手握住螺线管，四指指向电流的方向，拇指所指的就是螺线管内部的磁感线方向。

第 3 步　磁场的主要物理量

1. 磁感应强度 B

磁感应强度是描述磁场强弱和方向的物理量。

磁场中垂直于磁场方向的通电直导线，所受的磁场力 F 与电流 I 和导线长度 l 的乘积 Il 的比值称为通电直导线所在处的磁感应强度 B，即

$$B = \frac{F}{Il}$$

磁感应强度是一个矢量，它的方向即为该点的磁场方向。在国际单位制中，磁感应强度的单位是特斯拉（T）。

用磁感线可形象地描述磁感应强度 B 的大小，B 较大的地方，磁场较强，磁感线较密；B 较小的地方，磁场较弱，磁感线较稀；磁感线的切线方向即为该点磁感应强度 B 的方向。

匀强磁场中各点的磁感应强度大小和方向均相同。

2．磁通 Φ

在磁感应强度为 B 的匀强磁场中取一个与磁场方向垂直，面积为 S 的平面，则 B 与 S 的乘积，称为穿过这个平面的磁通量 Φ，简称磁通，即

$$\Phi = BS$$

磁通的国际单位是韦伯（Wb）。

由磁通的定义式，可得

$$B = \frac{\Phi}{S}$$

即磁感应强度 B 可看做是通过单位面积的磁通，因此磁感应强度 B 也常称为磁通密度，并用 Wb/m^2 作单位。

3．磁导率 μ

1）磁导率 μ

磁场中各点的磁感应强度 B 的大小不仅与产生磁场的电流和导体有关，还与磁场内媒介质（又称为磁介质）的导磁性质有关。在磁场中放入磁介质时，介质的磁感应强度 B 将发生变化，磁介质对磁场的影响程度取决于它本身的导磁性能。

物质导磁性能的强弱用磁导率 μ 来表示。μ 的单位是：亨利/米（H/m）。不同的物质磁导率不同。在相同的条件下，μ 值越大，磁感应强度 B 越大，磁场越强；μ 值越小，磁感应强度 B 越小，磁场越弱。

真空中的磁导率是一个常数，用 μ_0 表示。

$$\mu_0 = 4\pi \times 10^{-7} \text{ H/m}$$

2）相对磁导率 μ_r

为便于对各种物质的导磁性能进行比较，以真空磁导率 μ_0 为基准，将其他物质的磁导率 μ 与 μ_0 比较，其比值称为相对磁导率，用 μ_r 表示，即

$$\mu_r = \frac{\mu}{\mu_0}$$

根据相对磁导率 μ_r 的大小，可将物质分为以下三类。

（1）顺磁性物质：μ_r 略大于 1，如空气、氧、锡、铝、铅等物质都是顺磁性物质。在磁场中放置顺磁性物质，磁感应强度 B 略有增加。

（2）反磁性物质：μ_r 略小于 1，如氢、铜、石墨、银、锌等物质都是反磁性物质，又称

为抗磁性物质。在磁场中放置反磁性物质，磁感应强度 B 略有减小。

（3）铁磁性物质：$\mu_r \gg 1$，且不是常数，如铁、钢、铸铁、镍、钴等物质都是铁磁性物质。在磁场中放入铁磁性物质，可使磁感应强度 B 增加几千甚至几万倍。

4．磁场强度 H

在各向同性的媒介质中，某点的磁感应强度 B 与磁导率 μ 之比称为该点的磁场强度，记做 H，即

$$H = \frac{B}{\mu}$$

磁场强度 H 也是矢量，其方向与磁感应强度 B 同向，国际单位是安培/米（A/m）。

必须注意：磁场中各点的磁场强度 H 的大小只与产生磁场的电流 I 的大小和导体的形状有关，与磁介质的性质无关。

▌第 4 步　了解安培力

磁场对放在其中的通电直导线有力的作用，这个力称为安培力。

1．安培力的大小

（1）当电流 I 的方向与磁感应强度 B 垂直时，导线受安培力最大，根据磁感应强度 $B = \dfrac{F}{Il}$，可得 $F = BIl$。

（2）当电流 I 的方向与磁感应强度 B 平行时，导线不受安培力作用。

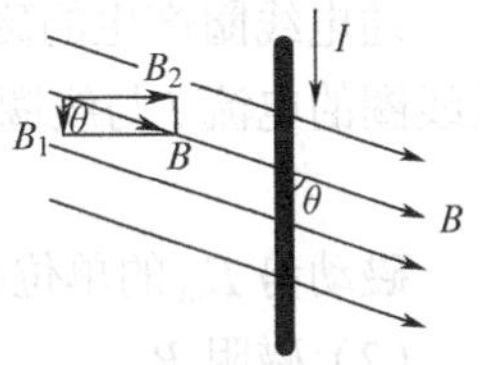

（3）如图 3.1.4 所示，当电流 I 的方向与磁感应强度 B 之间有一定夹角时，可将 B 分解为两个互相垂直的分量：一个与电流 I 平行的分量，$B_1 = B\cos\theta$；另一个与电流 I 垂直的分量，$B_2 = B\sin\theta$。B_1 对电流没有力的作用，磁场对电流的作用力是由 B_2 产生的。因此，磁场对直线电流的作用力为

图 3.1.4　安培力的大小

$$F = B_2 Il = BIl\sin\theta$$

当 $\theta = 90°$ 时，安培力 F 最大；
当 $\theta = 0°$ 时，安培力 $F = 0$。

2．单位

公式中各物理量的单位均采用国际单位制：安培力 F 的单位用牛顿（N）；电流 I 的单位用安培（A）；长度 l 的单位用米（m）；磁感应强度 B 的单位用特斯拉（T）。

3．安培力的方向

安培力 F 的方向可用左手定则判断：伸出左手，使拇指跟其他四指垂直，并都跟手掌在一个平面内，让磁感线穿入手心，四指指向电流方向，大拇指所指的方向即为通电直导线在磁场中所受安培力的方向。

由左手定则可知：$F \perp B$，$F \perp I$，即 F 垂直于 B、I 所决定的平面。

第5步　了解磁路安培力

1. 磁路

（1）磁路。磁通经过的闭合路径称为磁路。磁路和电路一样，分为有分支磁路和无分支磁路两种类型。图 3.1.5 给出了无分支磁路，图 3.1.6 给出了有分支磁路。在无分支磁路中，通过每一个横截面的磁通都相等。

（2）主磁通和漏磁通。如图 3.1.5 所示，当线圈中通以电流后，大部分磁感线沿铁芯、衔铁和工作气隙构成回路，这部分磁通称为主磁通；还有一部分磁通，没有经过气隙和衔铁，而是经空气自成回路，这部分磁通称为漏磁通。

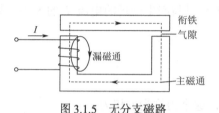
图 3.1.5　无分支磁路

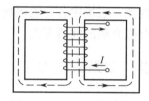
图 3.1.6　有分支磁路

2. 磁路的欧姆定律

（1）磁动势 E_m。

通电线圈产生的磁通 Φ 与线圈的匝数 N 和线圈中所通过的电流 I 的乘积成正比。把通过线圈的电流 I 与线圈匝数 N 的乘积，称为磁动势，也称为磁通势，即

$$E_m = NI$$

磁动势 E_m 的单位是安培（A）。

（2）磁阻 R_m。

磁阻就是磁通通过磁路时所受到的阻碍作用。磁路中磁阻的大小与磁路的长度 l 成正比，与磁路的横截面积 S 成反比，并与组成磁路的材料性质有关。因此有

$$R_m = \frac{l}{\mu S}$$

式中，μ 为磁导率，单位 H/m；长度 l 和截面积 S 的单位分别为 m 和 m^2。

因此，磁阻 R_m 的单位为 1/亨（H^{-1}）。由于磁导率 μ 不是常数，因此 R_m 也不是常数。

（3）磁路欧姆定律。

通过磁路的磁通与磁动势成正比，与磁阻成反比，即

$$\Phi = \frac{E_m}{R_m}$$

上式与电路的欧姆定律相似，磁通 Φ 对应于电流 I，磁动势 E_m 对应于电动势 E，磁阻 R_m 对应于电阻 R。因此，这一关系称为磁路欧姆定律。

（4）磁路与电路的对应关系。

磁路中的某些物理量与电路中的某些物理量有对应关系，同时磁路中某些物理量之间与电路中某些物理量之间也有相似的关系。

表 3.1.1 列出了电路与磁路对应的物理量及其关系式。

表 3.1.1　电路与磁路对应的物理量及其关系式

电　路		磁　路	
电流	I	磁通	Φ
电阻	$R = \rho \dfrac{l}{S}$	磁阻	$R_m = \dfrac{l}{\mu S}$
电阻率	ρ	磁导率	μ
电动势	E	磁动势	$E_m = IN$
电路欧姆定律	$I = \dfrac{E}{R}$	磁路欧姆定律	$\Phi = \dfrac{E_m}{R_m}$

拓展

将一矩形线圈 abcd 放在匀强磁场中，如图 3.1.7 所示，线圈的顶边 ad 和底边 bc 所受的磁场力 F_{ad}、F_{bc} 大小相等，方向相反，在一条直线上，彼此平衡；而作用在线圈两个侧边 ab 和 cd 上的磁场力 F_{ab}、F_{cd} 虽然大小相等，方向相反，但不在一条直线上，产生了力矩，称为磁力矩。这个力矩使线圈绕 OO' 转动，转动过程中，随着线圈平面与磁感线之间夹角的改变，力臂在改变，磁力矩也在改变。

当线圈平面与磁感线平行时，力臂最大，线圈受磁力矩最大；当线圈平面与磁感线垂直时，力臂为零，线圈受磁力矩也为零。电流表就是根据上述原理工作的。

做一做

安培力的大小、方向与哪些因素有关？
实验步骤如下。
（1）按图 3.1.8 所示电路连接，经复查确定连接正确后再通电。

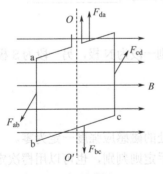
图 3.1.7　匀强磁场

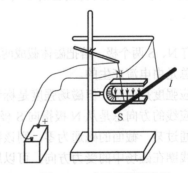
图 3.1.8　电路连接示意图

（2）改变直流稳压电源大小，安培力的大小_____（变化、不变）；
　　　改变导体的有效长度，安培力的大小_____（变化、不变）；
　　　改变导体的角度，安培力的大小_____（变化、不变）。
（3）改变直流稳压电源方向，安培力的方向_____（变化、不变）；
　　　改变磁场方向，安培力的方向_____（变化、不变）。

讨论两条平行的通电直导线之间的相互作用，在什么情况下两条导线相互吸引，在什么情况下两条导线相互排斥？先运用学过的知识进行讨论并作出预测，然后用实验检验你的预测。

一、填空题

1. 描述磁场的四个主要物理量是_____、_____、_____和_____，它们的文字符号分别是_____、_____、_____和_____。

2. 电流产生磁场的方向可用_____定则来判断，对于通电直导线产生的磁场，右手拇指的指向表示_____的方向，弯曲四指的指向表示_____方向。

3. 一直导线，其长度为 30cm，通有 5A 电流，磁感应强度为 0.2T，若磁感应强度的方向与直导线平行时，磁场力 F 为_____；若磁感应强度的方向与直导线垂直时，磁场力 F 为_____；若磁感应强度的方向与直导线之间夹角为 30°时，磁场力 F 为_____；若导线中的电流为零，那么该区域的磁感应强度为_____。

4. 如果在磁场中每一点的磁感应强度大小_____，方向_____，这种磁场称为匀强磁场。在匀强磁场中，磁感应线是一组_____。

5. 有一空心环形螺旋线圈的平均周长为 31.4cm，截面积为 $25cm^2$，线圈共绕有 1000 匝，若在线圈中通入 2A 的线圈，则该磁路的磁阻为_____，通过的磁通为_____。

6. 铁磁性物质在磁化过程中_____与_____的关系曲线称为磁化曲线，当反复改变励磁电流的大小和方向所得闭合的 B 与 H 关系曲线叫_____。

二、判断题

1. 磁体有 N、S 两个极，若把磁体截成两段，则一段为 N 极，另一段为 S 极。（ ）
2. 磁场总是由电流产生的。
3. 磁感应强度是矢量，但磁场强度是标量。（ ）
4. 磁感应线的方向总是从 N 极指向 S 极。（ ）
5. 如果通过某一截面的磁通为零，则该截面处的磁感应强度一定为零。（ ）
6. 通电线圈在磁场中的受力方向，可以用左手定则判别，也可以用楞次定律判别。（ ）
7. 磁导率是一个用来表示媒介质磁性能的物理量，对于不同的物质就有不同的磁导率。（ ）
8. 磁路中的欧姆定律是：磁感应强度与磁动势成正比，而与磁阻成反比。（ ）

三、选择题

1. 下列与磁导率无关的量是（   ）。

A．磁感应强度　　B．磁场强度　　　C．磁通　　　　　D．磁阻

2．铁磁性物质的相对磁导率是（　　）。

A．$\mu_r<1$　　B．$\mu_r=1$　　C．$\mu_r>1$　　D．$\mu_r\gg1$

3．长度为 L 的直导线，通以电流 I，放在磁感应强度为 B 的匀强磁场中，受到的磁场力为 F，则（　　）。

A．F 一定和 L、B 都垂直，L 和 B 也一定垂直

B．L 一定和 F、B 都垂直，F 和 B 的夹角可以是 $0°$ 和 π 以内的任意角

C．B 一定和 F、L 都垂直，F 和 L 的夹角可以是 $0°$ 和 π 以内的任意角

D．F 一定和 L、B 都垂直，L 和 B 的夹角可以是 $0°$ 和 π 以内的任意角

4．若一通电直导线在匀强磁场中受到的磁场力为最大，则通电直导线与磁感应线的夹角为（　　）。

A．$0°$　　　　B．$90°$　　　　C．$30°$　　　　D．$60°$

5．关于电流的磁场，说法正确的是（　　）。

A．直线电流的磁场，只分布在垂直于导线的某一个平面内

B．直线电流的磁场是一些同心圆，距离导线越远，磁感线越密

C．通电螺线管的磁感线分布与条形磁铁相同，在管内无磁场

D．直线电流、环形电流、通电螺线管，它们的磁场方向都可用安培定则来判断

6．如图 3.1.9 所示，通电直导体与通电矩形线圈在同一平面内，线圈在磁场中运动的方向是（　　）。

A．向右　　　　B．向左　　　　C．向下　　　　D．向上

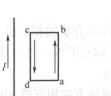
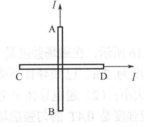

图 3.1.9　通电直导体通电矩形线圈　　　　图 3.1.10　两条直导体互相垂直

7．如图 3.1.10 所示，两条直导体互相垂直，但相隔一个小的距离，CD 是固定的，AB 可以自由活动，给两条直导体通电后，则导体 AB 将（　　）。

A．顺时针方向转动，同时靠近导体 CD

B．顺时针方向转动，同时离开导体 CD

C．逆时针方向转动，同时靠近导体 CD

D．逆时针方向转动，同时离开导体 CD

四、作图题

1．如图 3.1.11 所示，当电流通过导线时，导线下面的磁针 N 极转向读者，标出导线 AB 中电流的方向。

2．标出图 3.1.12 中电源的正极和负极。

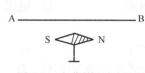
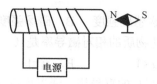

图 3.1.11　作图题 1 图　　　图 3.1.12　作图题 2 图

3. 如图 3.1.13 所示，当电流通过线圈时，磁针的 S 极指向读者，标出线圈中电流方向。
4. 在图 3.1.14 中，标出导体所受的磁场力的方向。
5. 注明图 3.1.15 中电流磁场的方向。

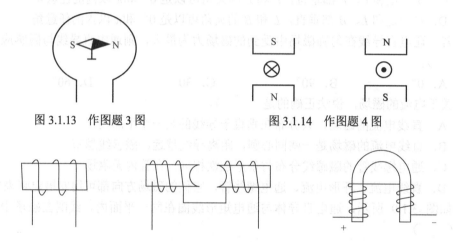

图 3.1.13　作图题 3 图　　　图 3.1.14　作图题 4 图

图 3.1.15　作图题 5 图

五、计算题

1. 如图 3.1.16 所示，在磁场强度是 H 的磁场中，均匀介质的相对磁导率是 10000，通电导体 ab 的长度为 2m。已知导体所受的磁场力为 3.14×10^{-2}N，方向垂直指向纸外。求（1）磁场强度的大小；（2）通电导体中电流的大小和方向。

2. 在磁感应强度是 0.4T 的匀强磁场里，有一根和磁场方向相交成 60°角、长 8cm 的通电直导线 ab，如图 3.1.17 所示。磁场对通电导线的作用力是 0.1N。方向和纸面垂直指向读者，求导线里电流的大小和方向。

图 3.1.16　计算题 1 图　　　图 3.1.17　计算题 2 图

3. 某环形线圈的铁芯由硅钢片叠成，其横截面积是 10cm²，磁路的平均长度为 31.4cm，线圈的匝数为 300 匝，线圈通以 1A 的电流，硅钢片的相对磁导率为 5000。求（1）铁芯的磁阻；（2）通过铁芯的磁通；（3）铁芯中的磁感应强度和磁场强度。

4. 在磁感应强度为 0.08T 的匀强磁场中，放置一个长、宽各为 30cm、20cm 的矩形线圈，试求线圈平面与磁场方向垂直时的磁通量。

5. 有一平均周长为 31.4cm，截面面积为 25cm² 的环行螺旋线圈，线圈的匝数为 5000 匝，当线圈中通入 3A 的电流，产生 $7.5×10^{-2}$Wb 的磁通，求（1）铁芯的磁阻；（2）线圈铁芯的相对磁导率；（3）铁芯中的磁感应强度；（4）铁芯中的磁场强度。

6. 有一根金属导线，长 0.6m，质量为 0.01kg，用两根柔软的细线悬在磁感应强度为 0.4T 的匀强磁场中，如图 3.1.18 所示，问金属导线中的电流为多大，流向如何才能抵消悬线中的张力？

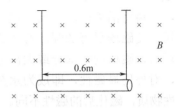

图 3.1.18 计算题 6 图

7. 有一空心环形螺旋线圈，平均周长 30cm，截面的直径为 6cm，匝数为 1000 匝，若线圈中通入 5A 的电流，求这时管内的磁通。

8. 求在长度为 80cm、截面直径为 4cm 的空心螺旋线圈中产生 $5×10^{-5}$Wb 的磁通所需的磁动势。

*项目 2 电磁感应现象

 学习目标

1. 了解铁磁性物质的磁化现象及常用磁性材料的种类及其用途。
2. 了解涡流产生的原因及其在工程技术上的应用。
3. 了解电磁感应现象及定律。
4. 理解楞次定律和右手定则。

 工作任务

了解电磁感应现象及判断方法。

▌ 第 1 步 了解铁磁性物质

1. 磁铁性物质的磁化

本来不具备磁性的物质，由于受磁场的作用而具有了磁性的现象称为该物质被磁化。只有铁磁性物质才能被磁化。

2. 被磁化的原因

（1）内因：铁磁性物质是由许多被称为磁畴的磁性小区域组成的，每一个磁畴相当于一个小磁铁。

（2）外因：有外磁场的作用。

如图 3.2.1（a）所示，当无外磁场作用时，磁畴排列杂乱无章，磁性相互抵消，对外不显磁性；如图 3.2.1（b）所示，当有外磁场作用时，磁畴将沿着磁场方向作取向排列，形成附加磁场，使磁场显著加强。有些铁磁性物质在撤去磁场后，磁畴的一部分或大部分仍然保持取向一致，对外仍显磁性，即成为永久磁铁。不同的铁磁性物质，磁化后的磁性不同。

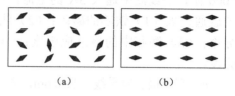

图 3.2.1　有无外磁场作用排列

3. 磁化曲线

磁化曲线是用来描述铁磁性物质的磁化特性的。铁磁性物质的磁感应强度 B 随磁场强度 H 变化的曲线，称为磁化曲线，也称为 B-H 曲线。

图 3.2.2（a）是测量磁化曲线装置的示意图，图 3.2.2（b）是根据测量值做出的磁化曲线。由图 3.2.2（b）可以看出，B 与 H 的关系是非线性的，即 $\mu = \dfrac{B}{H}$ 不是常数。

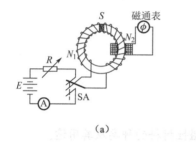 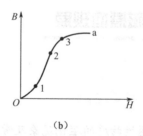

（a）　　　　　　　　　（b）

图 3.2.2　磁化曲线装置

（1）O-1 段：曲线上升缓慢，这是由于磁畴的惯性，当 H 从零开始增加时，B 增加缓慢，称为起始磁化段。

（2）1-2 段：随着 H 的增大，B 几乎直线上升，这是由于磁畴在外磁场作用下，大部分都趋向 H 方向，B 增加很快，曲线很陡，称为直线段。

（3）2-3 段：随着 H 的增加，B 的上升又缓慢了，这是由于大部分磁畴方向已转向 H 方向，随着 H 的增加只有少数磁畴继续转向，B 增加变慢。

（4）3 点以后：到达 3 点以后，磁畴几乎全部转到了外磁场方向，再增大 H 值，B 也几乎不再增加，曲线变得平坦，称为饱和段，此时的磁感应强度称为饱和磁感应强度。

不同的铁磁性物质，B 的饱和值不同，对同一种材料，B 的饱和值是一定的。

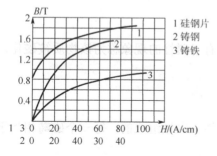

图 3.2.3　几种不同磁性物质的磁化曲线

电机和变压器，通常工作在曲线的 2-3 段，即接近饱和的地方。

4. 磁化曲线的意义

在磁化曲线中，已知 H 值就可查出对应的 B 值。因此，在计算介质中的磁场问题时，磁化曲线是一个很重要的依据。

图 3.2.3 给出了几种不同铁磁性物质的磁化曲线，从曲线上可看出，在相同的磁场强度 H 下，硅

钢片的 B 值最大，铸铁的 B 值最小，说明硅钢片的导磁性能比铸铁要好得多。

5．磁性材料的种类及其用途

磁性材料按磁化曲线可分为三类：

（1）容易磁化，也容易去磁的物质称为软磁性材料。软磁性材料被磁化后容易去磁，而且剩磁较弱，适用于需要反复磁化、退磁的场合，可以用来制造变压器、交流发电机、电磁铁和各种高频元件的铁芯等。

（2）难以磁化，被磁化后不容易去磁的物质称为硬磁性材料。硬磁性材料被磁化后不容易去磁，而且剩磁较强，适用于需要永久磁体的场合，应用在磁电式仪表、扬声器、话筒、永久磁电机等电气设备中。

（3）容易磁化，被磁化后不容易去磁的物质称为矩磁性材料。矩磁性材料可以用来制造半导体收音机的天线磁棒、录音机的磁头、电子计算机中的记忆元件。

第 2 步　了解涡流

1．涡流

把块状金属放在交变磁场中，金属块内将产生感应电流。这种电流在金属块内自成回路，像水的旋涡，因此称为涡电流，简称涡流。

由于整块金属电阻很小，因此涡流很大，不可避免地使铁芯发热，温度升高，引起材料绝缘性能下降，甚至破坏绝缘造成事故。铁芯发热，还使一部分电能转换为热能白白浪费，这种电能损失称为涡流损失。

在电机、电器的铁芯中，完全消除涡流是不可能的，但可以采取有效措施尽可能地减小涡流。为减小涡流损失，电机和变压器的铁芯通常不用整块金属，而用涂有绝缘漆的薄硅钢片叠压制成。这样涡流被限制在狭窄的薄片内，回路电阻很大，涡流大为减小，从而使涡流损失大大降低。

铁芯采用硅钢片，是因为这种钢比普通钢电阻率大，可以进一步减少涡流损失，硅钢片的涡流损失只有普通钢片的 1/5～1/4。

2．涡流的应用

在一些特殊场合，涡流也可以被利用，如可用于有色金属和特种合金的冶炼。利用涡流加热的电炉称为高频感应炉，它的主要结构是一个与大功率高频交流电源相接的线圈，被加热的金属就放在线圈中间的坩埚内，当线圈中通以强大的高频电流时，它的交变磁场在坩埚内的金属中产生强大的涡流，发出大量的热，使金属熔化。

第 3 步　了解电磁感应现象

在发现了电流的磁效应后，人们自然想到：既然电能够产生磁，磁能否产生电呢？

观察图 3.2.4 所示电路，由实验可知，当闭合回路中一部分导体在磁场中做切割磁感线运动时，回路中就有电流产生。

观察图 3.2.5 所示电路，由实验可知，当条形磁铁插入或拔出线圈时，线圈中有电流产生。

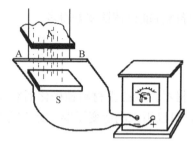
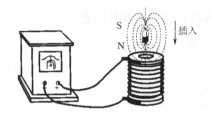

图 3.2.4　电磁感应现象实验电路 1　　　　图 3.2.5　电磁感应现象实验电路 2

在一定条件下，由磁产生电的现象，称为电磁感应现象，产生的电流称为感应电流。

上述几个实验，其实质上是通过不同的方法改变了穿过闭合回路的磁通。因此，产生电磁感应的条件是：当穿过闭合回路的磁通发生变化时，回路中就有感应电流产生。

链接

1. 判断感应电流的方向

1）右手定则

当闭合回路中一部分导体做切割磁感线运动时，所产生的感应电流方向可用右手定则来判断。如图 3.2.6 所示，伸开右手，使拇指与四指垂直，并都跟手掌在一个平面内，让磁感线穿入手心，拇指指向导体运动方向，四指所指的即为感应电流的方向。

2）楞次定律

当条形磁铁插入或拔出线圈时，所产生的感应电流方向可用楞次定律来判断。如图 3.2.7 所示，通过实验发现：

（1）当磁铁插入线圈时，原磁通在增加，线圈所产生的感应电流的磁场方向总是与原磁场方向相反，即感应电流的磁场总是阻碍原磁通的增加；

（2）当磁铁拔出线圈时，原磁通在减少，线圈所产生的感应电流的磁场方向总是与原磁场方向相同，即感应电流的磁场总是阻碍原磁通的减少。

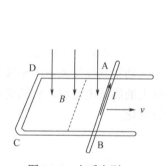
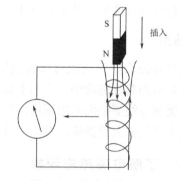

图 3.2.6　右手定则　　　　图 3.2.7　楞次定律

因此，得出结论：当将磁铁插入或拔出线圈时，线圈中感应电流所产生的磁场方向，总是阻碍原磁通的变化，这就是楞次定律的内容。

判断步骤：① 判断原磁场方向及原磁通变化（增加或减少）；② 根据楞次定律判断感应电流磁场方向（与原磁场方向相同或相反）；③ 根据安培定则，即可判断出线圈中的感应电流方向。

楞次定律符合能量守恒定律：由于线圈中所产生的感应电流磁场总是阻碍原磁通的变化，即阻碍磁铁与线圈的相对运动，因此要想保持它们的相对运动，必须有外力来克服阻力做功，并通过做功将其他形式的能转化为电能，即线圈中的电流不是凭空产生的。

3）右手定则与楞次定律的一致性

右手定则和楞次定律都可用来判断感应电流的方向，两种方法本质是相同的，所得的结果也是一致的。

右手定则适用于判断导体切割磁感线的情况，而楞次定律是判断感应电流方向的普遍规律。

2. **感应电动势**

1）感应电动势

电磁感应现象中，闭合回路中产生了感应电流，说明回路中有电动势存在。在电磁感应现象中产生的电动势称为感应电动势。产生感应电动势的那部分导体，就相当于电源，如在磁场中切割磁感线的导体和磁通发生变化的线圈等。

2）感应电动势的方向

在电源内部，电流从电源负极流向正极，电动势的方向也是由负极指向正极的，因此感应电动势的方向与感应电流的方向一致，仍可用右手定则和楞次定律来判断。

注意：对电源来说，电流流出的一端为电源的正极。

3）感应电动势与电路是否闭合无关

感应电动势是电源本身的特性，即只要穿过电路的磁通发生变化，电路中就有感应电动势产生，与电路是否闭合无关。

若电路是闭合的，则电路中有感应电流，若外电路是断开的，则电路中就没有感应电流，只有感应电动势。

3. **电磁感应定律**

1）电磁感应定律的数学表达式

大量的实验表明：单匝线圈中产生的感应电动势的大小，与穿过线圈的磁通变化率 $\Delta \Phi / \Delta t$ 成正比，即

$$E = \frac{\Delta \Phi}{\Delta t}$$

对于 N 匝线圈，有

$$E = N \frac{\Delta \Phi}{\Delta t} = \frac{N \Phi_2 - N \Phi_1}{\Delta t}$$

式中，$N\Phi$ 表示磁通与线圈匝数的乘积，称为磁链，用 Ψ 表示，即 $\Psi = N\Phi$。

于是对于 N 匝线圈，感应电动势为

$$E = \frac{\Delta \Psi}{\Delta t}$$

2）直导线在磁场中切割磁感线

如图 3.2.8 所示，abcd 是一个矩形线圈，它处于磁感应强度为 B 的匀强磁场中，线圈平面和磁场垂直，ab 边可以在线圈平面上自由滑动。设 ab 长为 l，匀速滑动的速度为 v，在 Δt

时间内，由位置 ab 滑动到 a′b′，利用电磁感应定律，ab 中产生的感应电动势大小为

$$E = \frac{\Delta \Phi}{\Delta t} = \frac{B\Delta S}{\Delta t} = \frac{Blv\Delta t}{\Delta t} = Blv$$

即 $E = Blv$，此式适用于 $v \perp l$、$v \perp B$ 的情况。

如图 3.2.9 所示，设速度 v 和磁场 B 之间有一夹角 θ。将速度 v 分解为两个互相垂直的分量 v_1、v_2，$v_1 = v\cos\theta$ 与 B 平行，不切割磁感线；$v_2 = v\sin\theta$ 与 B 垂直，切割磁感线。因此，导线中产生的感应电动势为

$$E = Blv_2 = Blv\sin\theta$$

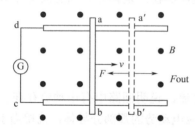
图 3.2.8　直导线在磁场中切割磁感线

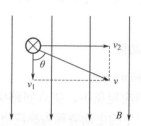
图 3.2.9　速度与磁场有一夹角的情况

上式表明，在磁场中，运动导线产生的感应电动势的大小与磁感应强度 B、导线长度 l、导线运动速度 v 以及运动方向与磁感线方向之间夹角的正弦 $\sin\theta$ 成正比。

用右手定则可判断 ab 上感应电流的方向。

若电路闭合，且电阻为 R，则电路中的感应电流为

$$I = \frac{E}{R}$$

说明：① 利用公式 $E = Blv$ 计算感应电动势时，若 v 为平均速度，则计算结果为平均感应电动势；若 v 为瞬时速度，则计算结果为瞬时感应电动势。

② 利用公式 $E = \dfrac{\Delta \Phi}{\Delta t}$，计算出的结果为 Δt 时间内感应电动势的平均值。

【例 3.2.1】在一个 $B = 0.01\text{T}$ 的匀强磁场里，放一个面积为 0.001m^2 的线圈，线圈匝数为 500 匝。在 0.1s 内，把线圈平面从与磁感线平行的位置转过 90°，变成与磁感线垂直，求这个过程中感应电动势的平均值。

【解】在 0.1s 时间内，穿过线圈平面的磁通变化量为

$$\Delta \Phi = \Phi_2 - \Phi_1 = BS - 0 = 0.01 \times 0.001 = 1 \times 10^{-5} \text{ (Wb)}$$

感应电动势为

$$E = N\frac{\Delta \Phi}{\Delta t} = 500 \times \frac{1 \times 10^{-5}}{0.1} = 0.05 \text{ (V)}$$

拓展

1. 自感现象

当线圈中的电流变化时，线圈本身就产生了感应电动势，这个电动势总是阻碍线圈中电流的变化。这种由于线圈本身电流发生变化而产生电磁感应的现象称为自感现象，简称自感。在自感现象中产生的感应电动势，称为自感电动势。

日光灯电路就是利用自感现象制成的。

2. 互感现象

由于一个线圈的电流变化，导致另一个线圈产生感应电动势的现象，称为互感现象，简称互感。在互感现象中产生的感应电动势，称为互感电动势。

变压器就是利用互感现象制成的。

自感现象和互感现象都是电磁感应的现象，所以自感电动势和互感电动势的方向都可用楞次定律来判断，它们的大小都可用电磁感应定律来计算。

观察电磁感应现象

实验步骤

（1）按图 3.2.10 所示电路连接，经复查确定连接正确后再通电。
（2）导体 AB 向上运动时，感应电流_____（有、无）。
　　导体 AB 向下运动时，感应电流_____（有、无）。
　　导体 AB 向左运动时，感应电流_____（有、无）。
　　导体 AB 向右运动时，感应电流_____（有、无）。
　　导体 AB 停止运动时，感应电流_____（有、无）。
（3）导体 AB 向右运动时，电流表指针_____（左偏、右偏）。
　　导体 AB 向左运动时，电流表指针_____（左偏、右偏）。
（4）导体 AB 向右加速运动时，电流表指针偏转角度_____（变大、变小、不变）。

电动机启动时的电流与正常工作时的电流不同。

将玩具电动机通过开关、电流表接到电池上，如图 3.2.11 所示。观察电动机启动过程中的电流表读数的变化，怎样解释电流的这种变化？

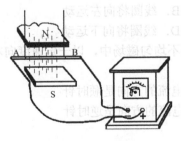
图 3.2.10　电路连接图

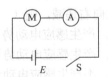
图 3.2.11　电路图

一、填空题

1. 感应电动势和感应电流的方向，可以用_____或_____来判定。

2. 磁性材料按磁化曲线可分为三类：_____、_____和_____。

3. 如图 3.2.12 所示电路中，当磁铁突然向左抽出时，端点 A 的电位比端点 B 的电位_____。

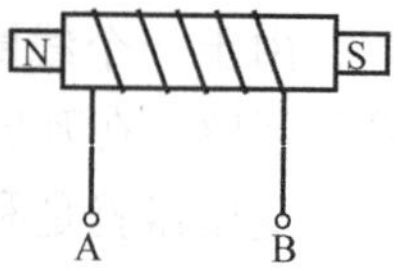

4. 日光灯的_____是利用线圈自感现象的一个例子。

图 3.2.12　电路图

二、判断题

1. 感应电流产生的磁场方向总是跟原磁场的方向相反。（　　）
2. 线圈中感应电动势大小跟穿过线圈的磁通的变化成正比，这个规律叫做法拉第电磁感应定律。（　　）
3. 感应电动势的方向与线圈的绕向有关。（　　）
4. 高频感应炉是应用涡流现象工作的，因此涡流不总是有害的。（　　）
5. 线圈的铁芯不是整块金属，而是许多薄硅钢片叠压而成，这是为了节约金属材料。（　　）

三、选择题

1. 电磁感应现象中，下列说法正确的是（　　）。
    A. 导体相对磁场运动，导体内一定会产生感应电流
    B. 导体作切割磁感线运动，导体内一定会产生感应电流
    C. 闭合电路在磁场内作切割磁感线运动，导体内一定会产生感应电流
    D. 穿过闭合电路的磁通量发生变化，电路中就一定有感应电流

2. 如图 3.2.13 所示，A、B 是两个用细线悬着的闭合铝环，当合上开关 S 的瞬间（　　）。
    A. A 环、B 环都向右运动
    B. A 环、B 环都向左运动
    C. A 环向左运动，B 环向右运动
    D. A 环向右运动，B 环向左运动

3. 如图 3.2.14 所示，在通电长导线的旁边放一个矩形通电线圈，线圈和导线在同一平面上，它的 a、c 两边和导线平行，则（　　）。
    A. 线圈将向右运动　　　　　　B. 线圈将向左运动
    C. 线圈将向上运动　　　　　　D. 线圈将向下运动

4. 如图 3.2.15 所示，一个矩形线圈 abcd 在不均匀磁场中，以一定速度向右移动，磁感应强度从左向右递减，则（　　）。
    A. 产生感应电动势和感应电流，感应电流的方向是顺时针
    B. 产生感应电动势和感应电流，感应电流的方向是逆时针
    C. 不产生感应电动势和感应电流
    D. 不产生感应电动势，产生感应电流方向是顺时针

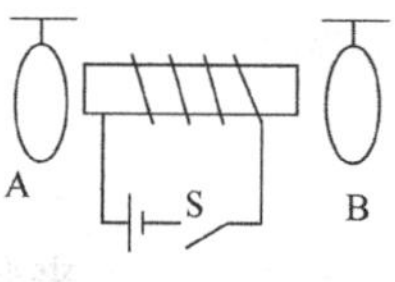

图 3.2.13　选择题 2 图 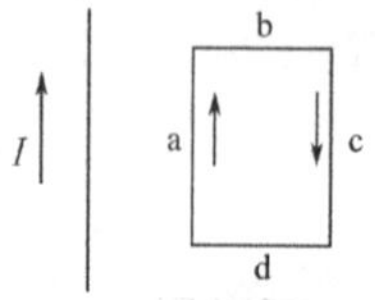　　　图 3.2.14　选择题 3 图 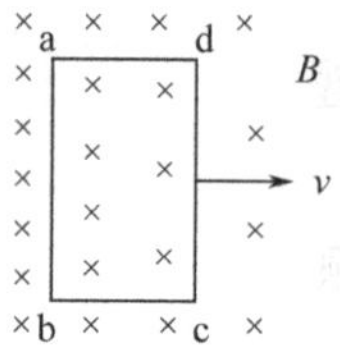　　　图 3.2.15　选择题 4 图

5. 法拉第电磁感应定律可以这样论述：闭合电路中感应电动势的大小，与（   ）。
   A．跟穿过这一闭合电路的磁通变化率成正比
   B．跟穿过这一闭合电路的磁通量成正比
   C．跟穿过这一闭合电路磁感强度成比
   D．跟穿过这一闭合电路的磁通变化量成正比

四、作图题

1．标出下列情况下的感应电流方向。
(1) 线圈离开磁场瞬间；(2) 线框 ABCD 在纸面内向右移动；(3) 直导体 ab 向右移动。

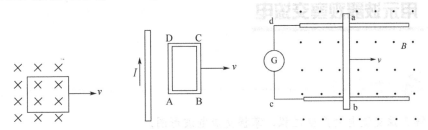

2．当条形磁铁插入或拔出线圈时，检流计如何偏转？小磁针 N 极如何偏转？

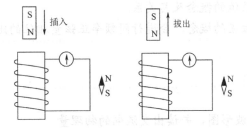

五、计算题

1．将一线圈垂直放置于某变化磁场中，已知该磁场的磁感应强度的变化率为 0.5T/s，线圈的截面积为 50cm²，求线圈中产生的感应电动势。

2．有一个 1000 匝的线圈，在 0.4s 内穿过它的磁通从 0.02Wb 增加到 0.09Wb，求线圈中的感应电动势。如果线圈的电阻是 10Ω，当它跟一个电阻为 990 Ω 的电热器串联组成闭合电路时，通过电热器的电流是多少？

3．在图 3.2.16 中，设匀强磁场的磁感应强度 B 为 0.1T，切割磁感线的导线长度 L 为 40cm。向右匀速运动的速度 v 为 5m/s，整个线框的电阻 R 为 0.5 Ω，求：① 感应电动势的大小；② 感应电流的大小和方向；③ 使导线向右匀速运动所需的外力；④ 外力做功的功率；⑤ 感应电流的功率。

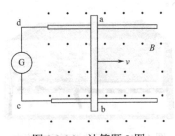

图 3.2.16 计算题 3 图

学习领域 4　单相正弦交流电路

项目 1　用示波器观察交流电

　学习目标

1. 了解正弦交流电的产生过程,掌握交流电波形图。
2. 掌握频率、角频率、周期的概念及其关系。
3. 掌握最大值、有效值的概念及其关系。
4. 了解初相位与相位差的概念,会进行同频率正弦量相位的比较。

　工作任务

用示波器观察交流电波形图,并读出交流电的物理量。

■ 第 1 步　用示波器观察正弦交流电

用示波器观察交流电流波形。
操作步骤如下。
（1）熟悉示波器和信号发生器各旋钮的作用,参见仪器使用说明。
（2）在信号输入端输入正弦交流电,调节示波器,要求能观察到稳定的交流波形（三四个完整波形）,如图 4.1.1 所示。

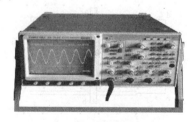

图 4.1.1　用示波器观察交流电

（3）在方格纸上画出正弦交流电的波形图。

第2步 正弦交流电的产生

链接

如图 4.1.2 所示，当我们转动线圈时可以看到电路中电流表指针在来回偏转，这说明电路中产生的电流的大小和方向随着时间在变化，我们把大小和方向都随时间变化的电流称为交流电，如果其变化规律满足正弦规律，我们就把它称为正弦交流电。

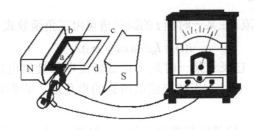

图 4.1.2 正弦交流电产生示意图

1. 正弦交流电的周期、频率与角频率

（1）周期。正弦交流电完成一次循环变化所用的时间称为周期，用字母 T 表示，单位为秒（s）。交流电相邻的两个最大值（或相邻的两个最小值）之间的时间间隔即为周期。

（2）频率。周期的倒数称为频率，用符号 f 表示，即

$$f = \frac{1}{T}$$

它表示正弦交流电在每秒内变化的次数，即表征交流电交替变化的速率（快慢），单位是赫兹（Hz）。

（3）角频率。它表示正弦交流电每秒内变化的电角度，用符号 ω 表示，单位是弧度/秒（rad/s）。角频率与频率之间的关系为

$$\omega = 2\pi f$$

2. 最大值与有效值

（1）最大值。正弦交流电的振幅即最大值，用字母 I_m、U_m、E_m 表示。

（2）有效值。交流电流和直流电流通过电阻时，电阻都要消耗电能（热效应）。设正弦交流电流 $i(t)$ 在一个周期 T 时间内，使一电阻 R 消耗的电能为 Q_R，另有一相应的直流电流 I 在时间 T 内也使该电阻 R 消耗相同的电能，即 $Q_R = I^2RT$。就平均对电阻做功的能力来说，这两个电流（i 与 I）是等效的，则该直流电流 I 的数值可以表示交流电流 $i(t)$ 的大小，于是把这一特定的数值 I 称为交流电流的有效值，用字母 I、U、E 表示。

理论与实验均可证明，正弦交流电流 i 的有效值 I 等于其振幅（最大值）I_m 的 0.707 倍，即

$$I = \frac{I_m}{\sqrt{2}} = 0.707 I_m$$

正弦交流电压的有效值为

$$U = \frac{U_m}{\sqrt{2}} = 0.707 U_m$$

正弦交流电动势的有效值为

$$E = \frac{E_m}{\sqrt{2}} = 0.707 E_m$$

我国工业和民用交流电源电压的有效值为 220 V、频率为 50Hz，因而通常将这一交流电压简称为工频电压。

3. 相位、初相位和相位差

任意一个正弦交流电流 i 在某一时刻 t 的瞬时值可用三角函数式（解析式）来表示，即

$$i(t) = I_m \sin(\omega t + \varphi_0) \text{A}$$

式中，$(\omega t + \varphi_0)$ 为相位，它表示某一时刻 t 正弦交流电所处的电角度。φ_0 为初相位或初相，它表示初始时刻（$t = 0$ 时）正弦交流电所处的电角度。它们单位都为弧度（rad）或度（°）。

两个同频率正弦量的相位差即初相位之差，与时间 t 无关。设第一个正弦量的初相为 φ_{01}，第二个正弦量的初相为 φ_{02}，则这两个正弦量的相位差为 $\varphi_{12} = \varphi_{01} - \varphi_{02}$，并规定 $|\varphi_{12}| \leqslant 180°$ 或 $|\varphi_{12}| \leqslant \pi$。

在讨论两个正弦量的相位关系时：

(1) 当 $\varphi_{12} > 0$ 时，称第一个正弦量比第二个正弦量的相位超前（或越前）φ_{12}。

(2) 当 $\varphi_{12} < 0$ 时，称第一个正弦量比第二个正弦量的相位滞后（或落后）$|\varphi_{12}|$。

(3) 当 $\varphi_{12} = 0$ 时，称第一个正弦量与第二个正弦量同相，如图 4.1.3（a）所示。

(4) 当 $\varphi_{12} = \pm 180°$ 时，称第一个正弦量与第二个正弦量反相，如图 4.1.3（b）所示。

(5) 当 $\varphi_{12} = \pm 90°$ 时，称第一个正弦量与第二个正弦量正交。

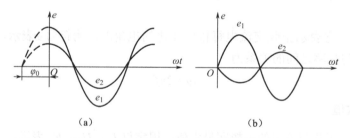

图 4.1.3 相位、初相位和相位差

我们通常把交流电的周期（频率、角频率）、最大值、初相位称为交流电的三要素。

假定矩形线圈 abcd 在匀强磁场中沿逆时针方向匀速转动，初始位置如图 4.1.2 所示。

讨论：

(1) 线圈由 0°~90°转动过程中，ab 边中的电流方向？

(2) 线圈由 90°~180°转动过程中，ab 边中的电流方向？

（3）线圈由180°～270°转动过程中，ab边中的电流方向？
（4）线圈由270°～360°转动过程中，ab边中的电流方向？
（5）当线圈转到什么位置时，线圈中没有电流？
（6）当线圈转到什么位置时，线圈中的电流最大？

习题

一、填空题

1. _____和_____都随时间作周期性变化的电流叫做交流电。
2. _____、_____和_____是表征正弦交流电的三个重要物理量。
3. 照明用交流电的电压是220V，它的有效值是_____、最大值是_____。动力供电线路的电压是380V，它的有效值是_____、最大值是_____。

二、判断题

1. 用交流电压表测得交流电压是220V，则此交流电压的最大值是$220\sqrt{3}$V。（　　）
2. 一只额定电压为220V的灯泡，可以接在最大值为311V的交流电源上。（　　）
3. 用交流电表测量的交流电的数值是平均值。（　　）
4. 正弦交流电的三要素是指有效值、频率和周期。（　　）
5. 两个不同频率的正弦量的相位差，在任何瞬间都不变。（　　）

三、选择题

1. 用交流电表测得交流电的数值是（　　）。
   A．最大值　　B．有效值　　C．平均值　　D．瞬时值
2. 某一灯泡上写着额定电压220V，这是指（　　）。
   A．最大值　　B．有效值　　C．平均值　　D．瞬时值
3. 交流电变化得越快，说明交流电的周期（　　）。
   A．越大　　B．越小　　C．无法确定
4. 220V 正弦交流电与 220V 直流电加在同一电热器两端，相同时间产生的热量（　　）。
   A．交流电产生热量多　　B．一样多
   C．直流电产生热量多　　D．不好比较
5. 下列说法正确的是（　　）。
   A．用交流电压表测量的交流电压是220V，则此交流电压最大值是$220\sqrt{3}$V
   B．一只额定电压是220V的白炽灯，可以接在最大值为311V的交流电源上
   C．用交流电表测得交流电的数值是平均值
   D．如果将一只额定电压为 220V、额定功率为 100W 的白炽灯，接到电压为220V、输出功率为2000W的电源上，则白炽灯会烧坏

项目 2　交流电的表示

1. 了解正弦量的表示法。
2. 能进行正弦量解析式、波形图、矢量图的相互转换。

进行正弦量的 4 种表示法及相互转换。

■ 第 1 步　正弦量的表示法

正弦量的表示法有 4 种：解析式表示法（或三角函数式）、波形图表示法、相量图表示法（或矢量表示法）和相量表示法（或复数表示法）。

链接

1. 解析式表示法

在某一时刻 t 的瞬时值可用三角函数式（解析式）来表示，即

$$i(t) = I_\text{m}\sin(\omega t + \varphi_{i0})\text{A}$$
$$u(t) = U_\text{m}\sin(\omega t + \varphi_{u0})\text{V}$$
$$e(t) = E_\text{m}\sin(\omega t + \varphi_{e0})\text{V}$$

根据正弦交流电的三要素，可以写出正弦交流电的解析式。

例如，已知某正弦交流电流的最大值是 2A，频率为 100Hz，设初相位为 60°，则该电流的瞬时表达式为

$$i(t) = I_\text{m}\sin(\omega t + \varphi_{i0}) = 2\sin(2\pi f t + 60°) = 2\sin(628t + 60°)\text{ A}$$

2. 波形图表示法

图 4.2.1 所示给出了不同初相角的正弦交流电的波形图。

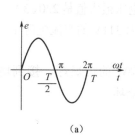
(a)

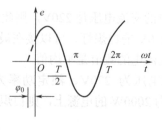
(b)

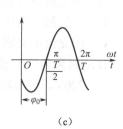
(c)

图 4.2.1　不同初相角的正弦交流电的波形图

用波形图来表示交流电时，横坐标表示时间 t 或角度 ωt，纵坐标表示随时间变化的电动势、电压和电流的瞬时值。

根据波形图，可以读出正弦交流电的最大值、周期和初相位，从而写出正弦交流电的解析式。

初相位 φ_0 在原点为零值，如图 4.2.1（a）所示。初相位 φ_0 在原点的左边为正值，如图 4.2.1（b）所示。初相位 φ_0 在原点的右边为负值，如图 4.2.1（c）所示。

画波形图一般用五点法。

3．相量图表示法

正弦量可以用最大值相量或有效值相量表示，但通常用有效值相量表示。

几个同频率的正弦量的相量，可以画在同一图上，即相量图。

（1）最大值相量表示法是用正弦量的振幅值作为相量的模，用初相角作为相量的幅角，例如有三个正弦量为：

$$e = 60\sin(\omega t + 60°) \text{ V}$$
$$u = 30\sin(\omega t + 30°) \text{ V}$$
$$i = 5\sin(\omega t - 30°) \text{ A}$$

则它们的最大值相量图如图 4.2.2 所示。

（2）有效值相量表示法是用正弦量的有效值作为相量的模，用初相角作为相量的幅角，例如：

$$u = 220\sqrt{2}\sin(\omega t + 53°) \text{ V}, \qquad i = 0.41\sqrt{2}\sin(\omega t) \text{ A}$$

则它们的有效值相量图如图 4.2.3 所示。

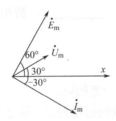 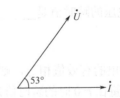

图 4.2.2　最大值相量图　　　　图 4.2.3　有效值相量图

4．相量表示法

正弦量用复数表示，即相量。

相量表示法是用正弦量的有效值作为复数的模，用初相角作为复数的幅角，一般用极坐标式表示。

例如，正弦交流电流 $i = I_\text{m}\sin(\omega t + \varphi_\text{i})$ A 的相量表达式为：

$$\dot{I} = I\underline{/\varphi_\text{i}} \text{ A}$$

正弦交流电压 $u = U_\text{m}\sin(\omega t + \varphi_\text{u})$ 的相量表达式为：

$$\dot{U} = U\underline{/\varphi_\text{u}} \text{ V}$$

1．画波形图一般用五点法，这五个关键点位于波峰、波谷和平衡位置，如何确定这五

个关键点呢？

2．交流电压的解析式表示法为 $u = U_m\sin(\omega t +\varphi_{u0})$，如果 $u = -U_m\sin(\omega t +\varphi_{u0})$，如何转换？如果 $u =U_m\cos(\omega t +\varphi_{u0})$，又如何转换？

习题

一、填空题

1．正弦交流电的常用表示方法有_____、_____、_____和_____。

2．用波形图来表示交流电时，横坐标表示_____或_____，纵坐标表示随时间变化的电动势、电压和电流的_____值。

3．图 4.2.4 为交流电流的波形图，则该交流电的有效值为_____，初相为_____，交流电的解析式为_____。

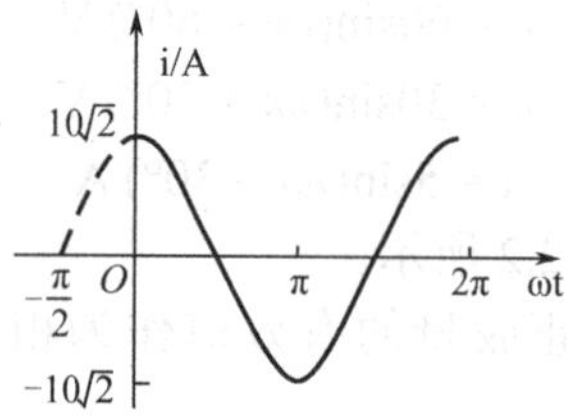

图 4.2.4　交流电流的波形图

4．已知交流电压 $u=14.1\sin(100\pi t+\pi/6)$ V，其最大值是_____，有效值是_____，角频率是_____，频率是_____，初相位是_____，当 $t=0.1s$ 时，交流电压的瞬时值是_____。

二、判断题

1．两个交流电的有效值相等，则它们瞬时表达式一定相同。　　　　　　　（　　）
2．若某正弦量在 $t=0$ 时的瞬时值为正，则该正弦量的初相为正，反之则为负。（　　）
3．几个不同频率的正弦量的相量，也可以画在同一相量图上。　　　　　　（　　）
4．正弦量可以用复数表示。　　　　　　　　　　　　　　　　　　　　　（　　）
5．正弦交流电可用相量表示，即 $u=311\sin(314t+30°)$ V $= 220\angle 30°$ V。（　　）

三、选择题

1．两个正弦交流电 $i_1=10\sin(314t+\pi/6)$A、$i_2=10\sqrt{2}\sin(314t+\pi/4)$A，这两个交流电中相同的量是（　　）。

　　A．最大值　　　　B．有效值　　　　C．周期　　　　D．初相位

2．已知一交流电，当 $t=0$ 时，$i=1$A，初相位为 30°，则这个交流电的有效值为（　　）。

　　A．0.5A　　　　B．1.414A　　　　C．1A　　　　D．2A

3．已知两个正弦量 $u_1 = 220\sin(314t + 60°)$V、$u_2 = 311\sin(314t - 30°)$V，则（　　）。

　　A．u_1 比 u_2 超前 90°　　　　　　　B．u_1 比 u_2 滞后 90°
　　C．u_1 比 u_2 超前 30°　　　　　　　D．u_1 比 u_2 滞后 30°

四、计算题

1. 已知交流电压 $u=220\sqrt{2}\sin(100\pi t+60°)$V，求各交流电压的最大值、有效值、角频率、频率、周期、初相。

2. 已知交流电压 $u_1=311\sin(100\pi t+30°)$V，$u_2=537\sin(100\pi t+60°)$V，求各交流电压的最大值、有效值、角频率、频率、周期、初相和它们之间的相位差，指出它们之间的"超前"或"滞后"关系。

3. 已知交流 $i=10\sin\left(314t+\dfrac{\pi}{4}\right)$A，求：① 交流电流的有效值、初相位；② $t=0.1$s 时交流电流的瞬时值。

4. 如图 4.2.5 所示的相量图中，已知 $U=220$V，$I_1=10$A，$I_2=5\sqrt{2}$A，频率是 $f=50$Hz，求 u、i_1 和 i_2 的解析式。

5. 画出图 4.2.6 中工频电压电流的相量图，并写出它们的解析式。

6. 画出交流电压 $u=220\sqrt{2}\sin(100\pi t+60°)$V 的波形图和相量图。

7. 已知正弦交流电流 $i_1=3\sqrt{2}\sin(100\pi t+\dfrac{\pi}{6})$A，$i_2=4\sqrt{2}\sin(100\pi t-\dfrac{\pi}{3})$A，画出相量图，并计算：① i_1+i_2；② i_1-i_2。

8. 图 4.2.7 是正弦交流电的波形图，它的周期是 0.02s，求① 初相位；② 电流的最大值；③ 写出解析式；④ $t=0.01$s 时，电流的瞬时值。

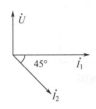

图 4.2.5 相量图

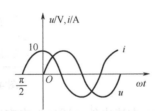

图 4.2.6 工频电压电流波形图

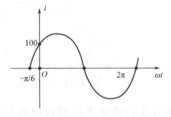

图 4.2.7 正弦交流电波形图

项目 3　纯电路的认识

 学习目标

1. 理解电阻元件的电压与电流的关系，了解其有功功率。
2. 理解电感元件的电压与电流的关系，了解其感抗、有功功率和无功功率。
3. 理解电容元件的电压与电流的关系，了解其容抗、有功功率和无功功率。

 工作任务

1. 认识电阻、电感、电容元件，了解其电压与电流的关系。
2. 了解其有功功率和无功功率。

操作步骤如下。

(1) 按图 4.3.1 所示电路连接,经复查确定连接正确后再通电。

(2) 当开关 S 接通直流电源时,灯泡亮起来。

开关 S 接通交流电源时,灯泡_____(变亮、变暗、不变)。

(3) 把电感线圈的铁芯抽出来,灯泡_____(变亮、变暗、不变)。

说明感抗与自感系数 L 成_____(正比、反比)。

(4) 保留交流电源的电压大小不变,调高电源的频率,灯泡_____(变亮、变暗、不变);说明感抗与频率 f 成_____(正比、反比)。

结论:影响感抗的因素有_____。

观察图 4.3.2 所示电路,当开关 S 接通直流电源时,灯不亮;当开关 S 接通交流电源时,灯就亮了。

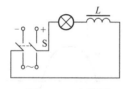

图 4.3.1 电路图

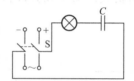

图 4.3.2 电路图

为什么直流电不能通过电容器,而交流电能"通过"电容器?

第 1 步　认识纯电阻电路

观察图 4.3.3 所示电路。只含有电阻元件的交流电路称为纯电阻电路,如白炽灯、电炉、电烙铁等电路通常认为是纯电阻电路。

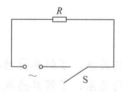

图 4.3.3 纯电阻电路

链接

1. 电阻与电压、电流的瞬时值关系

电阻与电压、电流的瞬时值之间的关系服从欧姆定律。设加在电阻 R 上的正弦交流电压瞬时值为 $u = U_m \sin(\omega t)$,则通过该电阻的电流瞬时值为

$$i = \frac{u}{R} = \frac{U_m}{R}\sin(\omega t) = I_m \sin(\omega t) \text{ A}$$

其中 $I_m = \frac{U_m}{R}$ 是正弦交流电流的最大值。

这说明，正弦交流电压和电流的最大值之间满足欧姆定律。

2．电压、电流的有效值关系

电压、电流的有效值关系又称为大小关系。

由于纯电阻电路中正弦交流电压和电流的最大值之间满足欧姆定律，因此把等式两边同时除以 $\sqrt{2}$，即得到有效值关系，即

$$I = \frac{U}{R} \quad \text{或} \quad U = RI$$

这说明，正弦交流电压和电流的有效值之间也满足欧姆定律。

3．相位关系

电阻的两端电压 u 与通过它的电流 i 同相，其波形图和相量图如图 4.3.4 所示。

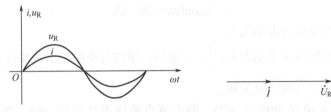

图 4.3.4　相位关系

【例 4.3.1】在纯电阻电路中，已知电阻 $R = 44\ \Omega$，交流电压 $u = 311\sin(314t + 30°)$ V，求通过该电阻的电流大小？并写出电流的解析式。

【解】解析式

$$i = \frac{u}{R} = 7.071\sin(314t + 30°) \text{ A}$$

大小（有效值）为

$$I = \frac{7.07}{\sqrt{2}} = 5 \text{ A}$$

第 2 步　认识纯电感电路

观察图 4.3.5 所示电路。只含有电感元件的交流电路称为纯电感电路，电感器就是线圈，如图 4.3.6 所示。

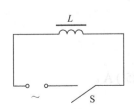

图 4.3.5　纯电感电路

图 4.3.6　电感器

🔍 链接

1. 电感对交流电的阻碍作用

(1) 电感对交流电流阻碍作用程度的参数称为感抗。

纯电感电路中通过正弦交流电流时,所呈现的感抗为

$$X_L = \omega L = 2\pi f L$$

式中,电感 L 的国际单位制是亨利(H),常用的单位还有毫亨(mH)、微亨(μH)等,它们与 H 的换算关系为

$$1\text{mH} = 10^{-3}\text{H}, \quad 1\mu\text{H} = 10^{-6}\text{H}$$

(2) 电感的特点:通直流、阻交流。对于直流电,$f=0$,$X_L=0$,电感相当于短路;对于交流电,f 越大,X_L 越大。

2. 电感电流与电压的关系

设加在电感上的正弦交流电压 $u = U_m\sin(\omega t)$V,则通过该电感的电流为

$$i = I_m\sin(\omega t - 90°)\text{A}$$

(1) 电感电流与电压的大小关系。

电感电流与电压的大小关系为 $I = \dfrac{U}{X_L}$,显然,感抗与电阻的单位相同,都是欧姆(Ω)。

(2) 电感电流与电压的相位关系。

电感电压比电流超前 90°(或 π/2),即电感电流比电压滞后 90°,其波形图和相量图如图 4.3.7 所示。

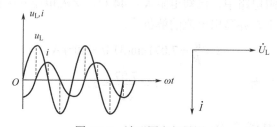

图 4.3.7 波形图和相量图

【例 4.3.2】 已知一电感 $L = 80$ mH,外加电压 $u_L = 50\sqrt{2}\sin(314t + 65°)$ V。试求:① 感抗 X_L;② 电感中的电流 I_L;③ 电流瞬时值 i_L。

【解】① 电路中的感抗为

$$X_L = \omega L = 314 \times 0.08 \approx 25(\Omega)$$

② $I_L = \dfrac{U_L}{X_L} = \dfrac{50}{25} = 2$ (A)

③ 电感电流 i_L 比电压 u_L 滞后 90°,则 $i_L = 2\sqrt{2}\sin(314t - 25°)$ A。

▌第 3 步 认识纯电容电路

观察图 4.3.8 所示电路。只含有电容器的交流电路称为纯电容电路。常见电容器如图 4.3.9 所示。

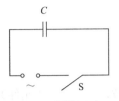
图 4.3.8 纯电容电路

图 4.3.9 电容器

1. 电容对交流电的阻碍作用

（1）容抗的概念。

反映电容对交流电流阻碍作用程度的参数称为容抗。容抗按下式计算

$$X_C = \frac{1}{\omega C} = \frac{1}{2\pi f C}$$

容抗和电阻、电感的单位一样，也是欧姆（Ω）。

（2）电容的特点：通交流、隔直流。对于直流电，$f=0$，$X_C=\infty$，电容相当于开路；对于交流电，f 越大，X_C 越小。

2. 电流与电压的关系

设加在电容上的正弦交流电压 $u = U_m\sin(\omega t)$V，则通过该电容的电流

$$i = I_m\sin(\omega t + 90°)A$$

（1）电容电流与电压的大小关系。

电容电流与电压的大小关系为

$$I = \frac{U}{X_C}$$

（2）电容电流与电压的相位关系。

电容电流比电压超前 90°（或 π/2），即电容电压比电流滞后 90°，其波形图和相量图如图 4.3.10 所示。

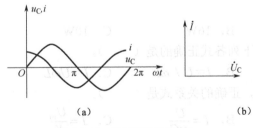
图 4.3.10 波形图和相量图

【例 4.3.3】已知一电容 $C = 127\mu F$，外加正弦交流电压 $u_C = 20\sqrt{2}\sin(314t + 20°)$ V，试求：① 容抗 X_C；② 电容中的电流 I_C，电流瞬时值 i_C。

解：① $X_C = \frac{1}{\omega C} = 25\,(\Omega)$

② $I_C = \frac{U}{X_C} = \frac{20}{25} = 0.8\,(A)$

③ 电容电流比电压超前 90°，则 $i_C = 0.8\sqrt{2}\sin(314t + 110°)$ A。

习题

一、填空题

1. 正弦交流电路中，_____（元件）上电压与电流同相位，_____（元件）上电压在相位上超前电流90°。_____（元件）上电压在相位上滞后电流90°。

2. 正弦交流电路中，纯电阻元件上的电压与电流的相位_____，纯电容元件上电压_____电流90°，纯电感元件上电压_____电流90°。

3. 知电路中的电流 $i=10\sqrt{2}\sin(314t+30°)$ A，若为纯电阻（$R=2Ω$）电路，电路的电压解析式_____，U_R=_____；若纯电感（$L=0.05H$）电路，电路的电压解析式_____，U_L=_____；若纯电容（$C=200μF$）电路，电路的电压解析式_____，U_C=_____。

4. 线圈的自感系数为 0.4H，电阻可忽略，把它接在频率为 50Hz，电压为 220V 的交流电源上，则线圈的感抗为_____，通过线圈的电流为_____。

5. 流电的频率越高，感抗就_____，其感抗的公式为：X_L=_____。

6. 电感为 0.8H 的线圈中，电流自 500mA 减至零，则在此过程中线圈共释放的磁场能量是_____ J。

二、判断题

1. 在正弦交流电路中，如果总电压与电流同相位，则为纯电阻电路。（   ）
2. 电阻消耗功率，是耗能元件。（   ）
3. 电感、电容不消耗功率，是储能元件。（   ）
4. 铁芯线圈通电后，所储存的磁场能量应为 $W_L=(1/2)LI^2$。（   ）

三、选择题

1. 已知交流电流的解析式为 $i=4\sin(314t-\pi/4)$ A，当它通过 $R=2Ω$ 的电阻时，电阻上消耗的功率是（   ）。

   A. 32W　　　B. 16W　　　C. 10W　　　D. 8W

2. 在纯电感电路中下列各式正确的是（   ）。

   A. $I=U/L$　　B. $I=U/\omega L$　　C. $I=U\omega L$　　D. $i=u/X_L$

3. 在纯电容电路中，正确的关系式是（   ）。

   A. $I=\omega CU$　　B. $I=\dfrac{U}{\omega C}$　　C. $I=\dfrac{U_m}{X_C}$　　D. $I=\dfrac{u}{X_C}$

四、计算题

1. 一个 11Ω 的纯电阻负载，接到 $u=220\sqrt{2}\sin(10\pi t+60°)$ V 的电源上，求负载中电流瞬时值表达式，并画出电压和电流的相量图。

2. 有一线圈，其电阻可忽略不计，把它接在 220V、50Hz 的交流电源上，测得通过线圈的电流为 2A，求感抗及线圈的自感系数。

3. 一个自感系数 0.5H 的线圈负载，接到 $u=220\sqrt{2}\sin(10\pi t+60°)$ V 的电源上，求负载中电流瞬时值表达式，并画出电压和电流的相量图。

4. 一个 $4\mu F$ 的电容器接到 $u = 220\sqrt{2}\sin 314t\text{V}$ 的交流电压上，求通过电容器的电流，写出电流瞬时值表达式，并画出电流、电压的相量图。

项目 4　照明电路的安装与测量

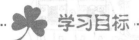 **学习目标**

1. 了解常见照明灯具，了解照明电路配电板的组成。
2. 会按照图纸要求安装荧光灯电路并能排除荧光灯电路的简单故障。
3. 理解电路的功率因数，了解功率因数的意义及提高功率因数的方法。

工作任务

能安装照明电路配电板，安装荧光灯电路。

▌第 1 步　了解常见照明灯具

室内照明常见灯具有吊灯、吸顶灯、落地灯、筒灯、射灯、节能灯等，观察图 4.4.1 所示常见照明灯具。

图 4.4.1　常见照明灯具

 链接

家用配电板（箱）的组成

家用配电板（箱）一般由单相电度表、胶盖闸刀开关、插入式熔断器、漏电保护器，插座等组成，如图 4.4.2 所示。

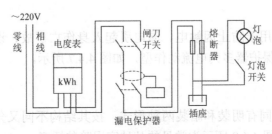

图 4.4.2　家用配电板线路图

1. 单相电度表

单相电度表的外形如图 4.4.3 所示。一般家庭用电量有限，电度表可直接接在线路上，单相电度表接线盒里共有四个接线桩，从左至右按 1、2、3、4 编号。直接接线方法一般按编号 1、3 接进线（1 接相线，3 接零线），2、4 接出线（2 接相线，4 接零线），如图 4.4.4 所示。

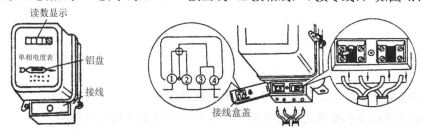

图 4.4.3 单相电度表外形　　　　图 4.4.4 单相电度表接线图

目前已发展了分时计费电度表、卡式电度表和远程抄表系统等多种，在大中城市中正在逐步推广使用电子式电度表。

2. 闸刀开关

在家用配电板上，闸刀开关主要用于控制用户电路与电源之间的通断。一般都使用 5A 或 10A 的双刀胶盖瓷底闸刀开关，如图 4.4.5 所示。

3. 熔断器

熔断器是在低压电路及电动机控制电路中作过载和短路保护用的电器。图 4.4.6 为家用瓷插式熔断器结构图。

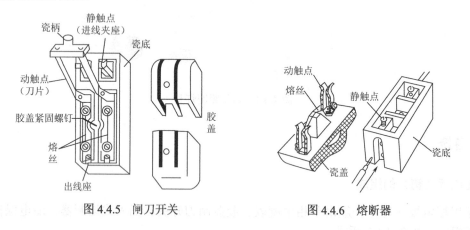

图 4.4.5 闸刀开关　　　　图 4.4.6 熔断器

4. 漏电保护器

漏电保护器是一种用于防止因触电、漏电引起人身伤亡事故、设备损坏及火灾的安全保护电器。家用的漏电保护器多为电流动作型，如图 4.4.7 所示。

5. 插座

插座按安装形式不同有明装和暗装两种形式，按其结构不同又分为单相双孔、单相三孔、三相四孔等几种。图 4.4.8 所示为常见的几种家用暗装插座。

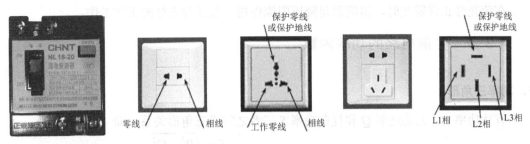

图 4.4.7　漏电保护器　　　　　　　　图 4.4.8　插座

▌第 2 步　认识荧光灯电路

观察图 4.4.9 所示荧光灯电路的电路图。日光灯主要由灯管、镇流器和启辉器等部分组成。

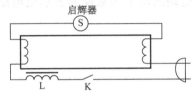

图 4.4.9　荧光灯电路

 链接

1. 荧光灯的组成

荧光灯电路由灯管、镇流器、启辉器和开关组成。

（1）灯管的两端各有一个灯丝，管中充有稀薄的氩和微量水银蒸气，管壁上涂着荧光粉。两个灯丝之间的气体在导电时主要发出紫外线，荧光粉受到紫外线的照射才发出可见光。荧光粉的种类不同，发光的颜色也不一样。

气体的导电有一个特点：只有当灯管两端的电压达到一定值时气体才能导电；而要在灯管中维持一定大小的电流，所需的电压却低得多。因此，如果把 220V 的电压加在灯管的两端并不能把它点燃。有了镇流器和启辉器就能解决这个问题。

（2）镇流器是绕在铁芯上的线圈，自感系数很大。

（3）启辉器由封在玻璃泡中的静触片和 U 形动触片组成，玻璃泡中充有氖气。两个触片间加上一定的电压时，氖气导电，发光、发热。动触片是用黏合在一起的双层金属片制成的，受热后两层金属膨胀不同，动触片稍稍伸开一些，和静触片接触。启辉器不再发光，这时双金属片冷却，动触片形状复原，两个触点重新分开。

2. 荧光灯的工作原理

闭合开关后，电压通过日光灯的灯丝加在启辉器的两端，启辉器发热—触点接触—冷却—触点断开。在触点断开的瞬间，镇流器中的电流急剧减小，产生很高的感应电动势。感应电动势和电源电压叠加起来加在灯管两端的灯丝上，把灯管点燃，使灯管中的水银蒸气开始导电发光。

在荧光灯正常发光时，镇流器起降压限流作用，保证荧光灯的正常工作。

第 3 步　了解电路的功率因数

1．功率三角形

有功功率 P、无功功率 Q 和视在功率 S 三者之间成三角形关系，即

$$S = \sqrt{P^2 + Q^2}$$

这一关系称为功率三角形，如图 4.4.10 所示。

交流电路的功率因数等于有功功率与视在功率的比值，即

$$\lambda = \cos\varphi = \frac{P}{S}$$

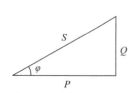

图 4.4.10　功率三角形

电路的功率因数能够表示出电路实际消耗功率占电源功率容量的百分比。

链接

2．提高功率因数的意义

功率因数低会引起下列不良后果。

（1）负载的功率因数低，使电源设备的容量不能充分利用。例如，一台容量为 S = 100 kVA 的变压器，若负载的功率因数 λ = 1 时，则此变压器就能输出 100 kW 的有功功率；若 λ = 0.6 时，则此变压器只能输出 60 kW 了，也就是说变压器的容量未能充分利用。

（2）在一定的电压 U 下，向负载输送一定的有功功率 P 时，负载的功率因数越低，输电线路电流 $I = P/(U\cos\varphi)$ 必然较大，输电线路上的电压降也要增加。

3．提高功率因数的方法

提高感性负载功率因数的最简便的方法，是用适当容量的电容器与感性负载并联，如图 4.4.11 所示。

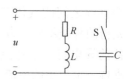

图 4.4.11　提高功率因数方法的电路图

1．照明电路配电板的安装

按图 4.4.2 所示电路连接，经复查确定连接正确后再通电。

注意事项如下。

（1）电度表安装时要与地面保持垂直。

（2）闸刀开关安装时，应使电源进线孔在上方，出线孔在下方，并确保瓷底与地面垂直。

（3）熔断器必须安装在负载前面，且熔体选配应合理。

（4）漏电保护器的电源端和负载端接线，不能接反，应在操作试验按钮试验正常后才能投入使用。

（5）配电板上的各种连接线，如电度表与开关、开关与熔断器之间的连接线，中间不应有接头。

（6）安装插座时，要特别注意接线插孔的极性，切勿乱接。

（7）安装时要注意安全。

2．安装荧光灯电路

按图 4.4.12 所示电路连接，经复查确定连接正确后再通电。

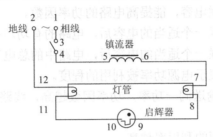

图 4.4.12　电路连接图

安装步骤：首先是检查灯管、镇流器、启辉器等有无损坏，是否互相配套；然后准备灯架、组装灯架、固定灯架；最后对照电路图连接线路，组装灯具，并与室内的主线接通。

1．日光灯的启辉器是装在专用插座上的，当日光灯正常发光后，取下启辉器，会影响灯管发光吗？为什么？如果启辉器丢失，作为应急措施，可以用一小段带绝缘外皮的导线启动日光灯吗？怎样做？请简述道理。

2．如果电容器两端电压过高，电容器的绝缘层就会变成导体将两极连在一起，这种情况称为电容器的击穿，日光灯启辉器的电容击穿是常出现的故障，为什么常出现这种故障呢？启辉器击穿后，就不能使日光灯管发光了，为什么？

3．日光灯为什么能节电？

一、填空题

1．在感性负载两端并联一个适当的电容后，电路的有功功率_____，无功功率_____，视在功率_____，功率因数_____。

2．荧光灯电路由_____、_____、_____和_____组成。

3．家用配电板由_____、_____、_____、_____和_____组成。

4．已知某交流电路，电源电压 $u = 141.4\sin(100\pi t - \pi/6)$ V，电路中通过的电流 $i = 1.414\sin(314t - \pi/2)$ A，则电压和电流之间的相位差是_____，电路的功率因数 $\lambda =$ _____，电路消耗的有功功率 $P =$ _____，电路的无功功率 $Q =$ _____，电源输出的视在功率 $S =$ _____。

5．在交流电路中 P 称为_____，它是电路中_____元件消耗的功率；Q 称为_____，它是电路中____和_____元件与电源进行能量交换时瞬时的功率最大值；S 称为_____，它是____提供总功率；P、Q、S 三者间的关系式：_____。

6．_____与_____之比叫做功率因数，感性电路提高功率因数的方法是_____。

二、判断题

1．在感性负载两端并联电容，能提高电路的功率因数。（　）
2．在感性负载两端并联一个适当的电容后，电路的有功功率不变。（　）
3．在感性负载两端并联一个适当的电容后，电路中的总电流增大。（　）
4．功率因数的大小是表示电源功率被利用的程度。（　）
5．在同一电压下，要输送同一功率，功率因数越高，线路中电流越小，线路中的损耗越小。（　）
6．功率因数越大，电源的利用率越高。（　）

三、计算题

1．已知某交流电路，电源电压 $u=220\sqrt{2}\sin\omega t$ V，电路中的电流 $i=11\sqrt{2}\sin(\omega t-2\pi/3)$ A，求电路的功率因数、有功功率、无功功率和视在功率。

2．某变电所输出的电压为 220V，额定视在功率为 440kVA，现给电压为 220V、功率因数为 0.5、额定功率为 4.4kW 的单位供电，问可以供给这样的单位多少个？若把功率因数提高到 1 时，又能供给多少个这样的电位？

3．一感性负载，其额定功率为 1.1kW、功率因数为 0.5，接在 50Hz、220V 的电源上。若把功率因数提高到 0.8 时，需并联多大的电容器？

*项目5　RLC 串联谐振电路的制作

学习目标

1. 理解 RL 串联电路的阻抗概念。
2. 了解电压三角形、阻抗三角形的应用。
3. 理解 RLC 串联电路的阻抗及功率。
4. 理解谐振的概念。

工作任务

理解 RLC 串联电路的阻抗及功率，理解谐振的概念。

第1步　认识 RL 串联电路

由电阻和电感相串联构成的电路称为 RL 串联电路，如图 4.5.1 所示。

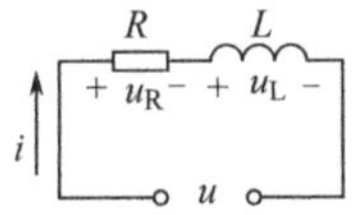

图 4.5.1　RL 串联电路

🔍 链接

1. RL 串联电路的电压关系

设电路中电流为 $i = I_m\sin(\omega t)$，则根据 R、L 的基本特性可得各元件的两端电压：

$$u_R = RI_m\sin(\omega t), \qquad u_L = X_L I_m\sin(\omega t + 90°)$$

根据基尔霍夫电压定律(KVL)，在任一时刻总电压 u 的瞬时值为

$$u = u_R + u_L$$

作出相量图，如图 4.5.2 所示。得到各电压之间的大小关系为

$$U = \sqrt{U_R^2 + U_L^2}$$

上式又称为电压三角形关系式，如图 4.5.3 所示。

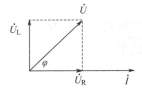

图 4.5.2　相量图 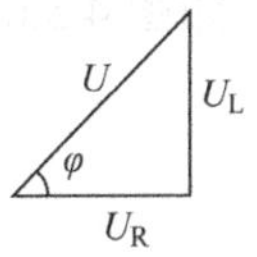　　　　　图 4.5.3　电压三角形

2. RL 串联电路的阻抗

由于 $U_R = RI$，$U_L = X_L I$ 可得

$$U = \sqrt{U_R^2 + U_L^2} = I\sqrt{R^2 + X_L^2}$$

令

$$|Z| = \frac{U}{I} = \sqrt{R^2 + X_L^2} = \sqrt{R^2 + X^2}$$

上式称为阻抗三角形关系式，$|Z|$ 称为阻抗，X 称为电抗。阻抗和电抗的单位均是欧姆（Ω）。阻抗三角形的关系如图 4.5.4 所示。

由相量图可以看出总电压与电流的相位差为

$$\varphi = \arctan\frac{U_L}{U_R} = \arctan\frac{X_L}{R}$$

式中，φ 称为阻抗角。

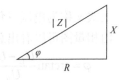

图 4.5.4　阻抗三角形

3. RL 串联电路的性质

因为阻抗角 $\varphi > 0$，电压 u 比电流 i 超前 φ，所以 RL 串联电路呈感性。

【例 4.5.1】在 RL 串联电路中，已知电阻 $R = 40\Omega$，电感 $L = 95.5\text{mH}$，外加频率为 $f = 50\text{Hz}$、

$U=200\text{V}$ 的交流电压源，试求：① 电路中的电流 I；② 各元件电压 U_R、U_L；③ 总电压与电流的相位差 φ。

【解】（1）$X_L=2\pi fL\approx 30\Omega$，$|Z|=\sqrt{R^2+X_L^2}=50\ \Omega$

则 $I=\dfrac{U}{|Z|}=4\text{ A}$

（2）$U_R=RI=160\text{V}$，$U_L=X_LI=120\text{V}$。

（3）$\varphi=\arctan\dfrac{X_L}{R}=\arctan\dfrac{30}{40}=36.9°$，即总电压 u 比电流 i 超前 $36.9°$；$\varphi>0$，电路呈感性。

第2步　认识 RLC 串联电路

由电阻、电感、电容相串联构成的电路称为 RLC 串联电路，如图 4.5.5 所示。

1. RLC 串联电路的电压关系

设电路中电流为 $i=I_m\sin(\omega t)$，则根据 R、L、C 的基本特性可得各元件的两端电压：

$u_R=RI_m\sin(\omega t)$，　　$u_L=X_LI_m\sin(\omega t+90°)$，　　$u_C=X_CI_m\sin(\omega t-90°)$

图 4.5.5　RLC 串联电路

根据基尔霍夫电压定律（KVL），在任一时刻总电压 u 的瞬时值为

$$u=u_R+u_L+u_C$$

作出相量图，如图 4.5.6 所示，并得到各电压之间的大小关系为

$$U=\sqrt{U_R^2+(U_L-U_C)^2}$$

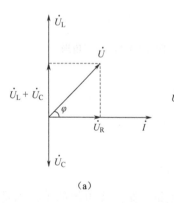
(a)

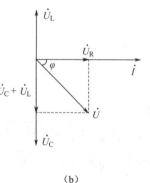
(b)

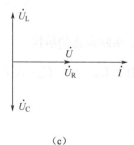
(c)

图 4.5.6　相量图

上式又称为电压三角形关系式，如图 4.5.7 所示。

由相量图可以看出总电压与电流的相位差为

$$\varphi=\arctan\dfrac{U_L-U_C}{U_R}=\arctan\dfrac{X_L-X_C}{R}=\arctan\dfrac{X}{R}$$

2. RLC 串联电路的阻抗

由于 $U_R=RI$，$U_L=X_LI$，$U_C=X_CI$，可得

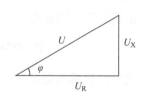

图 4.5.7　电压三角形

$$U = \sqrt{U_R^2 + (U_L - U_C)^2} = I\sqrt{R^2 + (X_L - X_C)^2}$$

令

$$|Z| = \frac{U}{I} = \sqrt{R^2 + (X_L - X_C)^2} = \sqrt{R^2 + X^2}$$

上式称为阻抗三角形关系式，其中 $X = X_L - X_C$。阻抗三角形的关系如图 4.5.8 所示。

3. RLC 串联电路的性质

根据总电压与电流的相位差（即阻抗角 φ）为正、为负、为零三种情况，将电路分为三种性质。

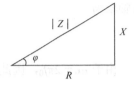

图 4.5.8 阻抗三角形

（1）感性电路：当 $X>0$ 时，即 $X_L>X_C$，$\varphi>0$，电压 u 比电流 i 超前 φ，称为电路呈感性。

（2）容性电路：当 $X<0$ 时，即 $X_L<X_C$，$\varphi<0$，电压 u 比电流 i 滞后 $|\varphi|$，称为电路呈容性。

（3）谐振电路：当 $X=0$ 时，即 $X_L=X_C$，$\varphi=0$，电压 u 与电流 i 同相，称为电路呈电阻性，电路处于这种状态时，称为谐振状态。

【例 4.5.2】 在 RLC 串联电路中，交流电源电压 $U = 220$ V，频率 $f = 50$ Hz，$R = 30\ \Omega$，$L = 445$ mH，$C = 32\ \mu F$。试求：① 电路中的电流大小 I；② 总电压与电流的相位差 φ；③ 各元件上的电压 U_R、U_L、U_C。

【解】 ① $X_L = 2\pi f L \approx 140\ \Omega$，$X_C = \dfrac{1}{2\pi f C} \approx 100\ \Omega$，$|Z| = \sqrt{R^2 + (X_L - X_C)^2} = 50\ \Omega$，则

$$I = \frac{U}{|Z|} = 4.4 \text{ A}$$

② $\varphi = \arctan\dfrac{X_L - X_C}{R} = \arctan\dfrac{40}{30} = 53.1°$

即总电压比电流超前 53.1°，电路呈感性。

③ $U_R = RI = 132$ V，$U_L = X_L I = 616$ V，$U_C = X_C I = 440$ V。

本例题中电感电压、电容电压都比电源电压大，在交流电路中各元件上的电压可以比总电压大，这是交流电路与直流电路特性不同之处。

第 3 步　RLC 串联谐振电路

交流电路中，如果电压 u 与电流 i 同相，电路呈电阻性，电路的这种状态称为谐振。其电路图和相量图，如图 4.5.9 所示。

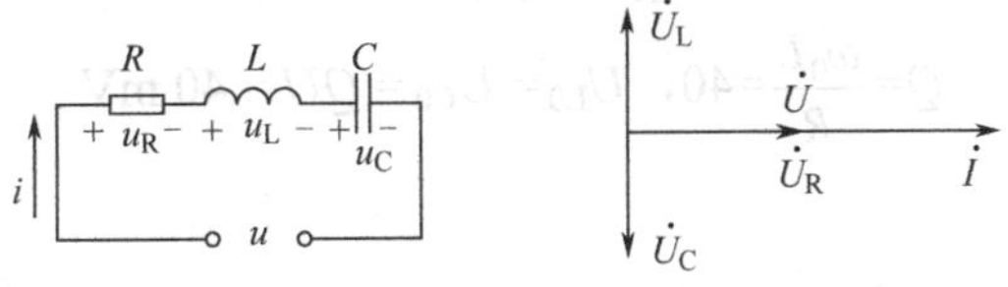

图 4.5.9 RLC 串联谐振电路图和相量图

链接

1. 串联谐振电路的谐振频率与特性阻抗

RLC 串联电路呈谐振状态时，$X_L = X_C$，设谐振角频率为 ω_0，则 $\omega_0 L = \dfrac{1}{\omega_0 C}$，于是谐振角频率为

$$\omega_0 = \dfrac{1}{\sqrt{LC}}$$

由于 $\omega_0 = 2\pi f_0$，因此谐振频率为

$$f_0 = \dfrac{1}{2\pi\sqrt{LC}}$$

由此可见，谐振频率 f_0 只由电路中的电感 L 与电容 C 决定，是电路中的固有参数，所以通常将谐振频率 f_0 称为固有频率。

2. 串联谐振电路的特点

（1）电路呈电阻性。当外加电源 u_S 的频率 $f = f_0$ 时，电路发生谐振，由于 $X_L = X_C$，则此时电路的阻抗达到最小值，称为谐振阻抗 Z_0 或谐振电阻 R，即

$$Z_0 = |Z|_{\max} = R$$

（2）电流呈现最大。谐振时电路中的电流则达到了最大值，称为谐振电流 I_0，即

$$I_0 = \dfrac{U_S}{R}$$

（3）电感 L 与电容 C 上的电压。串联谐振时，电感 L 与电容 C 上的电压大小相等，即

$$U_L = U_C = X_L I_0 = X_C I_0 = Q U_S$$

式中，Q 称为串联谐振电路的品质因数，即

$$Q = \dfrac{\rho}{R} = \dfrac{\omega_0 L}{R} = \dfrac{1}{\omega_0 C R}$$

RLC 串联电路发生谐振时，电感 L 与电容 C 上的电压大小都是外加电源电压 U_S 的 Q 倍，所以串联谐振电路又称为电压谐振。

【例 4.5.3】 设在 RLC 串联电路中，$L = 30\mu H$，$C = 211pF$，$R = 9.4\Omega$，外加电源电压为 $u = \sqrt{2}\sin(2\pi f t)$ mV。试求：① 该电路的固有谐振频率 f_0；② 当电源频率 $f = f_0$ 时（即电路处于谐振状态）电路中的谐振电流 I_0、电感 L 与电容 C 元件上的电压 U_{L0}、U_{C0}；

【解】 ①

$$f_0 = \dfrac{1}{2\pi\sqrt{LC}} = 2\,\text{MHz}$$

②

$$I_0 = \dfrac{U}{R} = \dfrac{1}{9.4} = 0.106\,\text{mA}$$

$$Q = \dfrac{\omega_0 L}{R} = 40,\quad U_{L0} = U_{C0} = QU = 40\,\text{mV}$$

拓展

串联谐振的应用

串联谐振电路常用来对交流信号的选择，例如接收机中选择电台信号，即调谐。

在 RLC 串联电路中，电流大小 I 随频率 f 变化的曲线，称为谐振特性曲线，如图 4.5.10 所示。

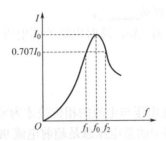

图 4.5.10 谐振特性曲线

当外加电源 u_S 的频率 $f = f_0$ 时，电路处于谐振状态；当 $f \neq f_0$ 时，称为电路处于失谐状态，电路谐振时产生较大的电流，因此谐振电路具有选频特性。

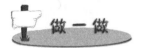

制作串联谐振电路并测试

实验步骤如下。

（1）按图 4.5.11 所示电路连接，小灯泡 $R=100\Omega$，电感器 $L=30$mH，电容器 $C=0.33$ μF。

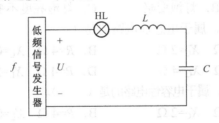

图 4.5.11 串联谐振电路

（2）保持交流电源电压的大小不变，由低到高调节电源的频率，灯泡的亮度逐渐_____（增强、减弱）；当频率升高到某一数值时，灯泡的亮度最强；记录谐振频率 $f_0 =$ _____；当频率继续升高时，灯泡的亮度又逐渐_____（增强、减弱）。

（3）计算谐振频率 f_0。

一、填空题

1．将一电感性负载接在 50Hz 交流电上，已知 $U=100$V，$I=10$A，消耗的功率 $P=600$W，则电路的功率因数为_____，负载电阻为_____，电感为_____。

2．在 RL 串联电路中，$R=16\ \Omega$，$X_L=12\ \Omega$，接在交流电压为 $u = 220\sqrt{2}\sin(\omega t - 60°)$ V 的电源上，用相量表示交流电压为_____，电路中电流的解析式为_____。

3．在 RLC 串联电路中，已知电压为 50V，电阻为 30 Ω，容抗为 80 Ω，感抗为 40 Ω，电路的阻抗为_____，电流为_____，电阻两端的电压为_____，电容两端的电压为_____，电感两端的电压为_____，该电路称为_____性电路。

4. 串联谐振的条件是_____；谐振频率为 f_0=_____。

5. 在谐振电路中，可以增大品质因数，以提高电路的_____；但若品质因数过大，就使通频带变窄了，接收的信号就容易_____。

6. 在 RLC 串联电路中，若 $X_L=X_C$，这时电路的端电压与电流的相位差为_____；此时电流呈_____性。

二、判断题

1. 只有在纯电阻电路中，端电压与电流的相位差才为零。（　　）
2. 在 RL 串联电路中，电路中的总电压总是超前电流 90°。（　　）
3. 在 RLC 串联电路中，若 $X_L>X_C$，则电路为电感性电路。（　　）
4. 在 RLC 串联电路中，若 $X_L=X_C$，这时电路的电流和电压的相位差为零。（　　）
5. RLC 串联电路发生谐振时，电路阻抗 $|Z|=R$，$U_L=U_C$。（　　）
6. 谐振电路的品质因数越高，则电路的通频带也就越宽。（　　）

三、选择题

1. 在交流电路中，如果交流电的频率减小，则（　　）。
   A. 容抗增大　　B. 容抗减小　　C. 电容增大　　D. 电容减小
2. 将一只电感线圈与一个灯泡串联在交流电路中，如果电源的频率升高，则（　　）。
   A. 灯泡变亮　　B. 灯泡变暗　　C. 灯泡亮度不变　　D. 不能确定
3. 在 RLC 串联电路中，属于电感性电路的是（　　）。
   A. R=4 Ω　X_L=4 Ω　X_C=2 Ω　　B. R=4 Ω　X_L=0 Ω　X_C=2 Ω
   C. R=4 Ω　X_L=2 Ω　X_C=4 Ω　　D. R=4 Ω　X_L=2 Ω　X_C=0 Ω
4. 在 RLC 串联电路中，属于电容性电路的是（　　）。
   A. R=4 Ω　X_L=4 Ω　X_C=2 Ω　　B. R=4 Ω　X_L=0 Ω　X_C=2 Ω
   C. R=4 Ω　X_L=2 Ω　X_C=4 Ω　　D. R=4 Ω　X_L=2 Ω　X_C=0 Ω
5. 在 RLC 串联电路中，端电压与电流的相量图如图 4.5.12 所示，这个电路是（　　）。
   A. 电阻性电路
   B. 纯电感性电路
   C. 电容性电路
   D. 电感性电路

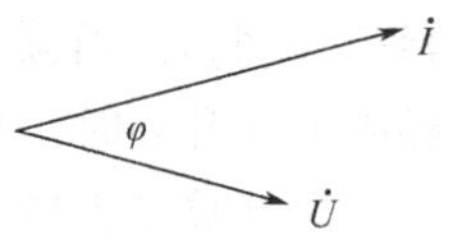

图 4.5.12　相量图

6. 在 RLC 串联电路中，电阻、电感和电容两端的电压都是 200V，则电路的端电压是（　　）。
   A. 100V　　B. 200V　　C. 300V　　D. 173.2V
7. 在 RLC 串联谐振电路中，信号源电压为 2V，频率为 50Hz，现调节电容器使回路达到谐振，这时电容器两端的电压为 100V，则电路的品质因数是（　　）。
   A. 100　　B. 50　　C. 2　　D. 48
8. 谐振电路中的品质因数，一般可达（　　）。
   A. 20 左右　　B. 100 左右　　C. 50 左右　　D. 120 左右
9. 下列不是串联谐振的特点（　　）。
   A. $|Z_0|=R$，其值最小　　B. $I_0=U/R$，其值最大

C. $U_C=IR$ D. $U_L=U_C=QU$

10. 交流电中视在功率的单位是（　　）。

A. 焦耳   B. 瓦特   C. 伏·安   D. 乏

四、计算题

1. 把一个电阻为 20Ω，电感为 48mH 的线圈接到 $u=110\sqrt{2}\sin(314t+\frac{\pi}{2})$V 的交流电源上，求：① 线圈中电流的大小；② 写出线圈中电流的解析式；③ 作出线圈中电流和端电压的相量图。

2. 日光灯电路可以看成是一个 RL 串联电路，若已知灯管电阻为 300Ω，镇流器感抗为 520Ω，电源电压为 220V。① 画出电流电压的相量图；② 求电路中的电流；③ 求灯管两端和镇流器两端的电压；④ 求电流和端电压的相位差。

3. 为了求出一个线圈的参数，在线圈两端接上频率为 50Hz 的交流电源，测得线圈两端的电压为 150V，通过线圈电流为 3A，线圈消耗的有用功率为 360W，问有功功率、视在功率，以及此线圈的电感和电阻各是多少？

4. 一个电感线圈接到电压为 120V 的直流电源上，测得电流为 20A，接到频率为 50Hz，电压为 220V 的交电源上，测得电流为 28.2A，求线圈的电阻和电感。

5. 在一个 RLC 串联电路中，已知电阻为 8Ω，感抗为 10，容抗为 4，电路的端电压为 220V，求电路中的总阻抗、电流、各元件两端的电压，并画出电压、电流的相量图。

6. 在 RLC 串联谐振电路中，已知信号源电压为 1V，频率为 1MHz，现调节电容器使回路达到谐振，这时回路电流为 100mA，电容器两端电压为 100V，求电路元件参数 R、L、C 和回路的品质因数。

7. 有一电容为 170pF 的串联谐振电路，已测出谐振频率为 600kHz，通带宽度为 15kHz，求电感 L 和回路的品质因数 Q。

学习领域 5 三相正弦交流电路

项目 1 认识三相正弦交流电路

 学习目标

1. 了解三相交流电的应用。
2. 了解三相正弦交流电的产生。
3. 理解相序的意义。
4. 了解实际生活中的三相四线供电制。

 工作任务

三相交流电的应用、三相正弦交流电的产生、相序的意义。

第 1 步 三相交流电的产生

请同学们结合平时的了解,回答以下几个问题:
(1)三相交流发电机三相绕组单独对外供电,共有几个输出端?
(2)教室中照明供电用几根电线?
(3)在建筑施工场地,搅拌机中的电动机电源引线有几根?
(4)学校的电杆上共架有几根电线?

测量三相四线制电源的相、线电压值

如图 5.1.1 所示,测量两组三相电源的线电压和相电压的数值,填入表 5.1.1 中。

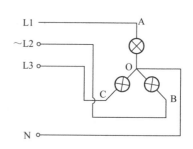

图 5.1.1 三相四线制电源电路

表 5.1.1 测量数值

测 量 电 量	U_{AB}	U_{BC}	U_{CA}	U_A	U_B	U_C
380V 电源						
220V 电源						

链接

三相交流电的产生

1. 三相交流电路的定义

电能的生产、传输、分配和使用等许多环节构成一个完整的系统，称为电力系统。

电力系统目前普遍采用三相交流电源供电，由三相交流电源供电的电路称为三相交流电路。

所谓三相交流电路，是指由三个频率相同、最大值（或有效值）相等、在相位上互差 120°电角度的单相交流电动势组成的电路，这三个电动势称为三相对称电动势。

2. 三相交流电的产生

磁极放在转子上，当转子由原动机拖动做匀速转动时，三相定子绕组即切割转子磁场而感应出各相差 120°电角度的三相交流电动势，如图 5.1.2 所示。当转子以角速度 ω 逆时针方向旋转时，在转子绕组中将产生感应电动势，各相电动势的瞬时值表达式为：

$$\begin{cases} e_U = E_m \sin \omega t \\ e_V = E_m \sin(\omega t - 120°) \\ e_W = E_m \sin(\omega t - 240°) \end{cases}$$

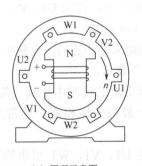
(a) 原理示意图

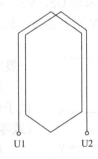
(b) 一相绕组

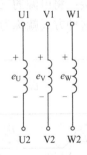
(c) 三相绕组

图 5.1.2 三相定子绕组

U1U2、V1V2、W1W2（通称绕组）：三相结构完全相同的线圈，空间位置上各相差 120°电角度。U1、V1、W1 称为首端，U2、V2、W2 称为末端。

三相交流电动势在任一瞬间其三个电动势的代数和为零，即

$$e_U + e_V + e_W = 0$$

三相正弦交流电动势的相量和也等于零，即

$$\dot{E}_U + \dot{E}_V + \dot{E}_W = 0$$

3. 相序

三相电动势达到最大值（振幅）的先后次序称为相序。

e_U 比 e_V 超前 120°，e_V 比 e_W 超前 120°，而 e_W 又比 e_U 超前 120°，称这种相序为正相序或顺相序；反之，如果 e_U 比 e_W 超前 120°，e_W 比 e_V 超前 120°，e_V 比 e_U 超前 120°，称这种相序为负相序或逆相序。

相序是一个十分重要的概念，为使电力系统能够安全可靠地运行，通常规定，在工厂或企业配电站或厂房内的三相电源线（用裸铜排时）一般用黄、绿、红分别代表 U、V、W 三相。

第 2 步　三相电源的连接

发电站由三相交流发电机发出的三相交流电，通过三相输电线传输，分配给不同的用户。一般发电站与用户之间有一定的距离，因此采用高压传输，而不同用户用电设备不同。例如，工厂的用电设备一般为三相低压用电设备，且功率较大；家庭用电设备一般为单相低压用电设备，功率小。我们都听说过或看到过三相三线制供电方式和三相四线制供电方式。它们有何不同？如何连接？

链接

三相电源的连接

三相电源的连接有两种：一是星形（也称 Y 形）接法，二是三角形（也称 △ 形）接法。

1. 三相电源的星形（Y 形）连接

（1）基本概念。

星形连接：将电源的三相绕组末端 U2、V2、W2 连在一起，首端 U1、V1、W1 分别与负载相连，这种方式就称为星形（Y 形）连接，如图 5.1.3 所示。

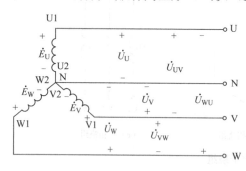

图 5.1.3　星形连接

三相绕组末端相连的一点称中点或零点，一般用 "N" 表示。

从中点引出的线叫中性线（简称中线），由于中线一般与大地相连，通常又称为地线（或零线）。

从首端 U1、V1、W1 引出的三根导线称为相线（或端线）。由于它与大地之间有一定的电位差，一般通称为火线。

由三根相线和一根中线组成的输电方式称为三相四线制（通常在低压配电中采用）。

（2）三相电源星形连接时的电压关系。

三相绕组连接成星形时，可以得到两种电压：

相电压 U_P：每个绕组的首端与末端之间的电压。相电压的有效值用 U_U、U_V、U_W 表示。

$$U_U = U_V = U_W = U_P$$

线电压 U_L：各绕组首端与首端之间的电压，即任意两根相线之间的电压。其有效值分别用 U_{UV}、U_{VW}、U_{WU} 表示。

$$U_{UV} = U_{VW} = U_{WU} = U_L$$

线电压 U_L 与相电压 U_P 的关系：

大小关系：$\quad U_L = \sqrt{3}\, U_P$

相位关系：线电压比相应的相电压超前 30°，如线电压 u_{uv} 比相电压 u_u 超前 30°。

2. 三相电源的三角形（△形）连接

（1）基本概念。

三角形连接：将电源一相绕组的末端与另一相绕组的首端依次相连，再从首端 U1、V1、W1 分别引出端线，这种连接方式就称为三角形（△形）连接，如图 5.1.4 所示。

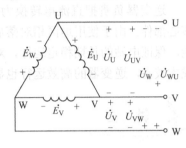

图 5.1.4 三角形连接

（2）三相电源三角形连接时的电压关系。

三角形连接时线电压等于相电压，即

$$U_L = U_P$$

这种没有中线，只有三根相线的输电方式称为三相三线制。

特别需要注意的是，在工业用电系统中如果只引出三根导线（三相三线制），那么就都是火线（没有中线），这时所说的三相电压大小均指线电压 U_L；而民用电源则需要引出中线，所说的电压大小均指相电压 U_P。

【例 5.1.1】已知发电机三相绕组产生的电动势大小均为 $E = 220\text{V}$，试求：①三相电源为 Y 形接法时的相电压 U_P 与线电压 U_L；② 三相电源为△形接法时的相电压 U_P 与线电压 U_L。

解：① 三相电源 Y 形接法：

相电压 $\qquad\qquad U_P = E = 220 \text{ V}$

线电压 $\qquad\qquad U_L \approx \sqrt{3}\, U_P = 380 \text{ V}$

② 三相电源△形接法：

相电压 $\qquad\qquad U_P = E = 220 \text{ V}$

线电压 $\qquad\qquad U_L = U_P = 220 \text{ V}$

拓展

太阳能发电和风力发电结构如图 5.1.5 所示。

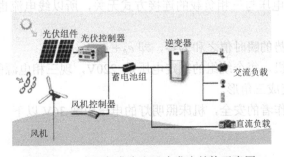

图 5.1.5 太阳能发电和风力发电结构示意图

控制器（光伏控制器和风光互补控制器）对所发的电能进行调节和控制，一方面把调整后的能量送往直流负载或交流负载，另一方面把多余的能量送往蓄电池组储存，当所发的电不能满足负载需要时，控制器又把蓄电池的电能送往负载。蓄电池充满电后，控制器要控制蓄电池不被过充。当蓄电池所储存的电能放完时，控制器要控制蓄电池不被过放电，保护蓄电池。控制器的性能不好时，对蓄电池的使用寿命影响很大，并最终影响系统的可靠性。

蓄电池组的任务是储能，以便在夜间或阴雨天保证负载用电。

逆变器负责把直流电转换为交流电，供交流负荷使用。逆变器是光伏风力发电系统的核心部件。由于使用地区相对落后、偏僻，维护困难，为了提高光伏风力发电系统的整体性能，保证电站的长期稳定运行，对逆变器的可靠性提出了很高的要求。另外由于新能源发电成本较高，逆变器的高效运行也显得非常重要。

1. 直流电源串接不行，三相交流电源可以，为什么？
2. 如果不慎将某一相绕组接反，会出现什么现象？

一、填空题

1. 三相交流电源是三个单相交流电按一定的方式进行的组合，它们的___相同、___相等、相位彼此相差_____，每相绕组始端与末端之间的电压叫_____，通用符号用_____表示，任意两相始端之间的电压叫_____，通用符号用_____表示，把三个电动势的相量加起来，相量和为_____。

2. 任意两根相线之间的电压叫_____，相线与中线之间的电压叫_____。

3. 由三根相线和一根中性线组成的输电方式称为_____，只由三根相线所组成的输电方式称为_____。

4. 由_____和_____所组成的输电方式称为三相四线制，其中线电压与相电压之间的关系：$U_L=$_____U_P。

二、判断题

1. 三相交流电源是由频率、有效值、相位都相同的三个单相交流电源按一定方式组合起来的。（   ）

2. 三相电源的线电压与三相负载的连接方式无关，所以线电流也与三相负载的连接方式无关。（   ）

3. 三相对称电动势的瞬时值之和为零，即 $e_A + e_B + e_C = 0$。（   ）

4. 一台三相电动机，每个绕组的额定电压是 220V，现三相电源的线电压是 380V，则这台电动机的绕组应连成三角形。（   ）

5. 为保证机床操作者的安全，机床照明灯的电压应选 36V 以下。（   ）

三、选择题

1. 生活中家庭用电电压为220V，此电压为（　　）。
    A．相电压，有效值为220 V   B．线电压，有效值为220V
    C．线电压，有效值为380 V   D．相电压，有效值为380V

2. 动力供电线路中，采用星形连接三相四线制供电，交流电频率为50Hz，相电压为220V，则（　　）。
    A．线电压为相电压的$\sqrt{2}$倍   B．相电压的最大值为220V
    C．线电压的有效值为380V   D．交流电的周期为0.02Hz

3. 三相动力供电线路的电压是380V，则任意两根相线之间的电压称为（　　）。
    A．相电压，有效值是380V   B．相电压，有效值是220V
    C．线电压，有效值是380V   D．线电压，有效值是220V

4. 对一般三相交流发电机的三个线圈中的电动势，正确的说法应是（　　）。
    A．它们的最大值不同   B．它们同时达到最大值
    C．它们的周期不同   D．它们达到最大值的时间依次落后1/3周期

*项目2　三相负载的连接

 学习目标

1. 了解星形连接方式下线电压和相电压的关系及线电流、相电流和中性线电流的关系。
2. 了解中性线的作用。
3. 了解三角形连接方式下线电压和相电压的关系及线电流和相电流的关系。
4. 理解三相电功率的概念。
5. 会连接一个三相负载电路。
6. 会观察三相星形负载电路在有、无中性线时的运行情况，测量相关数据，并会进行比较。

 工作任务

1. 星形、三角形连接方式下线电压和相电压的关系。
2. 线电流和相电流及中性线电流的关系。
3. 中性线的作用。
4. 连接一个三相负载电路。
5. 观察三相星形负载电路在有、无中性线时的运行情况。

三相负载的连接方式有星形和三角形连接。

第 1 步　三相负载的星形连接

操作步骤如下。

将三相灯泡负载作星形连接（图 5.2.1），按要求测量数据并填入表 5.2.1 中。

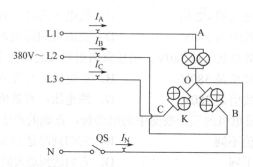

图 5.2.1　三相灯泡负载的星形连接

表 5.2.1　测量数据

		对称负载		不对称负载	
		有中线	无中线	有中线	无中线
相电压（V）（负载侧）	U_A				
	U_B				
	U_C				
电流（A）	I_A				
	I_B				
	I_C				
	I_N				

注意：① 在负载侧测量各电压的有效值；② 在断开中线时，由于各相电压不平衡，某相负载上的电压超过其额定值，故不应将中线断开时间过长，测量完毕应立即断开电源或接通中线。

链接

三相负载的星形连接

1. 接线特点

将每相负载末端连成一点 N（中性点 N），首端 U、V、W 分别接到电源线上，如图 5.2.2 所示。

该接法有三根火线（U、V、W）和一根零线（N），所以叫做三相四线制电路，在这种电路中三相电源也必须是 Y 形接法，所以又叫做 Y-Y 接法的三相电路。

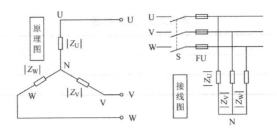

图 5.2.2 三相负载的星形连接

2. 电压、电流的关系

线电压 U_L：三相负载的线电压就是电源的线电压，也就是两根相线之间的电压。

相电压 U_P：每相负载两端的电压称为负载的相电压，在忽略输电线上的电压降时，负载的相电压就等于电源的相电压，因此 $U_L = \sqrt{3} U_P$。

线电流 I_L：流过每根相线上的电流。

相电流 I_P：流过每相负载的电流。

中线电流 I_N：流过中线的电流。

负载的相电流 I_{YP} 等于线电流 I_{YL}，即

$$I_{YL} = I_{YP}$$

若三相负载对称，则在三相对称电压的作用下，流过三相对称负载中每相负载的电流相等，即 $I_L = I_U = I_V = I_W$；每相电流间的相位差仍为 120°，中线电流为零（中线电流对应的相量式为 $\dot{I}_N = \dot{I}_U + \dot{I}_V + \dot{I}_W = 0$）。所以中线可以去掉，即形成三相三线制电路，也就是说，对于对称负载来说，不必关心电源的接法，只需关心负载的接法。

若三相负载不对称，则中性线电流不为零，中性线不能省略，并且在中性线上不能安装开关、熔断器，而且中性线本身强度要好，接头处应连接牢固。

▮ 第 2 步　三相负载的三角形连接

操作步骤如下。

按图 5.2.3 连接电路，注意电源标识。接线完毕，必须经教师检查后方可接通电源。按要求测量数据并填入表 5.2.2 中。

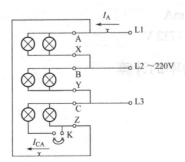

图 5.2.3 三相负载的三角形连接

表 5.2.2 测量数据

测量电量	U_{AB}	U_{BC}	U_{CA}	I_A	I_{CA}
对称负载					
不对称负载					

> **链接**

三相负载的三角形连接

1. 接线特点

将三相负载分别接在三相电源的每两根相线之间，如图 5.2.4 所示。

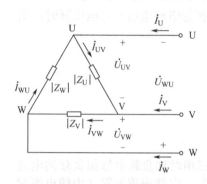

图 5.2.4 连接图

2. 电压、电流的关系

负载的相电压就是线电压。

三相电源及负载均对称，则三相电流大小均相等，为

$$I_P = I_{UV} = I_{VW} = I_{WU} = \frac{U_P}{|Z_P|}$$

三个相电流在相位上互差 120°，当三相对称负载采用三角形连接时，线电流等于相电流的 $\sqrt{3}$ 倍，即

$$I_L = \sqrt{3} I_P$$

【例 5.2.1】 在对称三相电路中，负载作△形连接，已知每相负载均为 $|Z|= 50\ \Omega$，设线电压 $U_L = 380\ V$，试求各相电流和线电流。

【解】 在△形负载中，相电压等于线电压，即 $U_{\triangle P} = U_L$，则

相电流 $I_{\triangle P} = \dfrac{U_{\triangle P}}{|Z|} = \dfrac{380}{50} = 7.6\ A$

线电流 $I_{\triangle L} = \sqrt{3} I_{\triangle P} \approx 13.2\ A$

【例 5.2.2】 三相发电机是星形接法，负载也是星形接法，发电机的相电压 $U_P=1000V$，每相负载电阻均为 $R = 50\ k\Omega$，$X_L = 25\ k\Omega$。试求：① 相电流；② 线电流；③ 线电压。

【解】 $|Z| = \sqrt{50^2 + 25^2} = 55.9\ k\Omega$

① 相电流 $I_P = \dfrac{U_P}{|Z|} = \dfrac{1000}{55.9} = 17.9\ mA$

② 线电流 $I_L = I_P = 17.9\ mA$

③ 线电压 $U_L = \sqrt{3}\ U_P = 1732\ V$

第 3 步 三相电路的功率的计算

> **链接**

三相电路的功率

把三相电路中的任何一相单独取出来进行分析，它就是一个单相电路。因此，三相电

路的功率就等于各相功率之和。三相电路的功率,可分为有功功率、无功功率和视在功率。

三相负载的有功功率等于各相功率之和,即

$$P = P_1 + P_2 + P_3$$

在三相负载对称时,三相交流电路的功率等于 3 倍的单相功率,即

三相电路的有功功率为

$$P = 3U_\text{P}I_\text{P}\cos\varphi = \sqrt{3}U_\text{L}I_\text{L}\cos\varphi$$

三相电路的视在功率为

$$S = 3U_\text{P}I_\text{P} = \sqrt{3}U_\text{L}I_\text{L}$$

三相电路的无功功率为

$$Q = 3U_\text{P}I_\text{P}\sin\varphi = \sqrt{3}U_\text{L}I_\text{L}\sin\varphi$$

其中 φ 为对称负载的阻抗角,也是负载相电压与相电流之间的相位差。

三相电路的功率因数为

$$\lambda = \frac{P}{S} = \cos\varphi$$

【例 5.2.3】 有一对称三相负载,每相电阻 $R = 6\ \Omega$,电抗 $X = 8\ \Omega$,三相电源的线电压为 $U_\text{L} = 380\ \text{V}$。求:① 负载作星形连接时的功率 P_Y;② 负载作三角形连接时的功率 $P_\triangle$。

【解】每相阻抗均为 $|Z| = \sqrt{6^2 + 8^2} = 10\ \Omega$,功率因数 $\lambda = \cos\varphi = \dfrac{R}{|Z|} = 0.6$

(1)负载作星形连接时:

相电压 $U_\text{YP} = \dfrac{U_\text{L}}{\sqrt{3}} = 220\ \text{V}$

线电流等于相电流 $I_\text{YL} = I_\text{YP} = \dfrac{U_\text{YP}}{|Z|} = 22\ \text{A}$

负载的功率 $P_\text{Y} = \sqrt{3}U_\text{YL}I_\text{YL}\cos\varphi = 8.7\ \text{kW}$

(2)负载作三角形连接时:

相电压等于线电压 $U_{\triangle\text{P}} = U_{\triangle\text{L}} = 380\ \text{V}$

相电流 $I_{\triangle\text{L}} = \dfrac{U_{\triangle\text{P}}}{|Z|} = 38\ \text{A}$

线电流 $I_{\triangle\text{L}} = \sqrt{3}\,I_{\triangle\text{P}} = 66\ \text{A}$

负载的功率 $P_\triangle = \sqrt{3}U_{\triangle\text{L}}I_{\triangle\text{L}}\cos\varphi = 26\ \text{kW}$

1. 中线的作用是什么?在什么情况下必须有中线,在什么情况下可不要中线?
2. 照明电路能否采用三相三线制供电方式?
3. 根据表 5.2.2 数据,计算负载星形连接有中线时的相、线电压的数值关系。并按比例画出不对称负载有中线时各电量的相量图。

习题

一、填空题

1. 三相对称负载作星形连接时，$U_L=$____U_{YP}，且 $I_{YL}=$____I_{YP}。此时中线电流为____。

2. 三相对称负载作三角形连接时，$U_L=$____$U_{\triangle P}$，且 $I_{\triangle L}=$____$I_{\triangle P}$，各线电流比相应的相电流____度。

3. 作三角形连接的对称负载，接与三相三线制的对称电源上。已知电源的线电压为 380 V，每相负载的电阻为 60Ω，感抗为 80Ω，则相电流为____，线电流____。若上述对称负载为星形连接则相电流为____，线电流为____。

4. 同一个三相对称负载接在同一电网中时，作三角形连接时的线电流是作星形连接时的____；作三角形连接时的三相有功功率是作星形连接时的____。

5. 工厂中一般动力电源电压为____，照明电源电压为____。____以下的电压为安全电压。

二、判断题

1. 三相对称负载是指各相负载阻抗大小相等。（ ）
2. 三相负载的相电流是指电源相线上的电流。（ ）
3. 三相负载作星形连接时，无论负载对称与否，线电流必定等于负载的相电流。（ ）
4. 三相对称负载连成三角形时，线电流的有效值是相电流有效值的 $\sqrt{3}$ 倍，且相位比对应的相电流超前 30°。（ ）
5. 三相不对称负载星形连接时，为使各相电压保持对称，必须采用三相四线制供电。（ ）
6. 当三相负载越接近对称时，中性线电流就越小。（ ）
7. 在对称负载的三相交流电路中，中性线上的电流为零。（ ）
8. 三相负载作三角形连接时，无论负载对称与否，线电流必定是相电流的 $\sqrt{3}$ 倍。（ ）

三、选择题

1. 三相交流发电机中的三个线圈作星形连接时，三相负载中每相负载相同，则（ ）。
   A. 三相负载作三角形连接时，每相负载的电压等于 U_L
   B. 三相负载作三角形连接时，每相负载的电流等于 I_L
   C. 三相负载作星形连接时，每相负载的电压等于 U_L
   D. 三相负载作星形连接时，每相负载的电流等于 $\frac{1}{\sqrt{3}}I_L$

2. 某电路，电源采用星形连接，而负载采用三角形连接，电源的相电压为 220V，各相负载相同，阻值都是 110Ω，下列叙述中正确的是（ ）。
   A. 加在负载上的电压为 220V
   B. 通过各相负载的相电流为 $\frac{38}{11}$ A

C. 电路中的线电流为 $\frac{76}{11}$A　　　　D. 电路中的线电流为 $\frac{38}{11}$A

3．在三相交流电路中，下列式子不正确的是（　　）。
　　A. $P_总=P_1+P_2+P_3$　　　　B. $Q_总=Q_1+Q_2+Q_3$
　　C. $S_总=S_1+S_2+S_3$　　　　D. $S=P+Q$

4．同一个三相对称负载接在同一电源上，作三角形连接时三相电路线电流、总有功功率分别是作星形连接时的（　　）。
　　A. $\sqrt{3}$倍、$\sqrt{3}$倍　　　　B. $\sqrt{3}$倍、3 倍
　　C. 3 倍、$\sqrt{3}$倍　　　　D. 3 倍、3 倍

5．如图 5.2.5 所示，三相四线制电源中，用电压表测量电源线间的电压以确定零线，测量结果为 U_{12}=220V，U_{23}=380V，则（　　）。
　　A. 1 号为零线　　　　B. 2 号为零线
　　C. 3 号为零线　　　　D. 4 号为零线

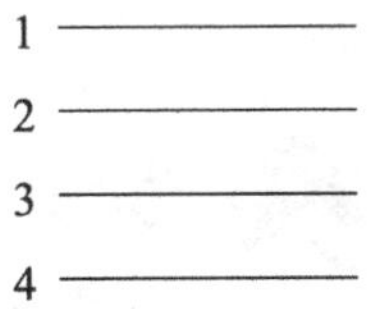

图 5.2.5　三相四线制电源线

四、计算题

1．三相对称负载作星形连接，接入三相四线制对称电源，电源线电压为 380V，每相负载的电阻为 60Ω，感抗为 80Ω。求负载的相电压、相电流和线电流。

2．如图 5.2.6 所示的负载为星形连接对称三相四线制电路，电源电压为 380V，每相负载的电阻为 16Ω，电抗为 12Ω，求① 在正常情况下，每相负载的相电压和相电流和负载消耗的有功功率；② 第三相负载短路时，其余两相负载的相电压和相电流；③ 第三相负载断路时，其余两相负载的相电压和相电流。

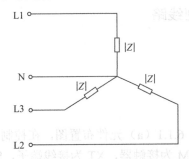

图 5.2.6　星形连接对称三相四线制电路

3．有一三相对称负载，每相负载的电阻是 40Ω，电抗是 30Ω，求负载连成星形，接于线电压是 380V 的三相电源上时，① 负载上的电流；② 相线上的电流；③ 电路消耗的功率。

4．一台三相电动机的绕组接成星形，接在线电压为 380V 的电源上，负载的功率因数是 0.8，消耗的功率是 10kW，求相电流和每相的阻抗。

5．对称三相负载在线电压为 220V 的三相电源作用下，通过的线电流为 20.8A，输入负载的功率为 5.5kW，求负载的功率因数。

学习领域 6　三相异步电动机的基本控制

项目 1　三相异步电动机的启动控制

学习目标

1. 认识三相异步电动机及常用控制元器件。
2. 了解三相异步电动机启动控制电路的基本组成。
3. 识读基本的电气符号和简单的电路图。

工作任务

搭建三相异步电动机启动控制电路。

第 1 步　安装点动控制线路

操作步骤如下。

(1) 安装元器件，按照图 6.1.1 (a) 元件布置图，在控制板上安装电器元件，其中 FU 为熔断器，QS 为组合开关，KM 为接触器，XT 为接线端子，SB 为按钮开关。

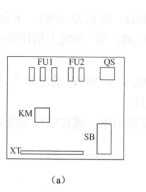
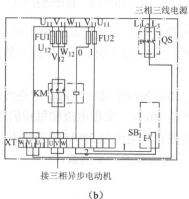

(a)　　　　　　　　　　　　(b)

图 6.1.1　点动控制线路器件布置图

（2）接线，按图 6.1.1（b）接线图是进行接线。

（3）安装结束经教师检查后进行通电试车，按下按钮，看电动机是否启动旋转，松开按钮看电动机是否停止旋转。

第 2 步 认识三相异步电动机

🔍 链接

三相异步电动机的结构

观察图 6.1.2 所示三相异步电动机组成分解图。通过拆装电动机装置等实践活动，了解三相异步电动机的基本组成。

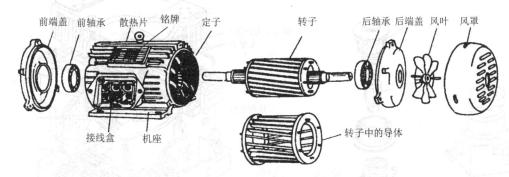

图 6.1.2 三相异步电动机分解图

三相异步电动机的结构如图 6.1.2 所示，它由定子、转子两大部分组成，定子是固定不动的部分，转子是旋转的部分，在定子与转子之间有一定的气隙。

三相异步电动机的铭牌上标明的数据有型号、功率、电压、电流、频率、转速、温升、工作方式等。

第 3 步 认识控制线路元器件

1. 熔断器

熔断器是低压线路和电动机控制电路中最简单最常用的过载和短路保护电器。它以金属导体作熔体，串联于被保护电器或电路中，当电路或设备过载或短路时，大电流将熔体发热熔化，从而分断电路。

熔断器种类很多，常用的低压熔断器有瓷插式、螺旋式、无填料封闭管式，有填料封闭管式等几种，它的电气符号如图 6.1.3 所示。在学习领域 4 中已介绍过瓷插式熔断器，下面介绍一下螺旋式熔断器，在拖动控制线路中主要使用螺旋式熔断器。

图 6.1.3 熔断器符号

螺旋式熔断器用于交流 380V 以下、额定电流在 200 A 以内的电气设备及电路的过载和短路保护,如图 6.1.4 所示。

螺旋式熔断器在接线时,为了安全更换熔芯,下接线端应接电源,而连螺口的上接线端应接负载。

2. 接触器

接触器是一种用来频繁地接通或分断带有负载的主电路（如电动机）的自动控制电器。交流接触器的结构如图 6.1.5 所示,它是由电磁系统、触点系统、灭弧装置及其他部件等四部分组成的。

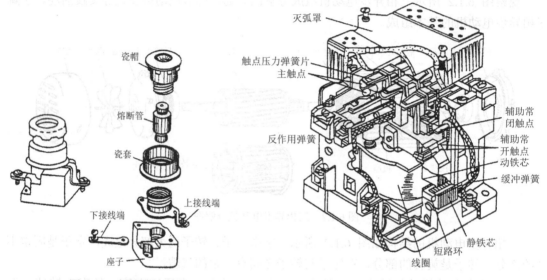

图 6.1.4　螺旋式熔断器　　　　图 6.1.5　交流接触器外形和结构

（1）电磁系统。电磁系统由电磁线圈、"E"形静铁芯、动铁芯（衔铁）等组成,在静铁芯端部装有短路环（又称为减振环）,它主要用于防止交流电流过零时引发动铁芯的振动,降低工作噪声。

（2）触点系统。交流接触器的触点系统按功能不同分为主触点和辅助触点两类。主触点用于接通和分断大电流的主电路;辅助触点用于接通和分断小电流的二次控制电路。小型触点一般用银合金制成,大型触点用钢材制成。因为银合金和钢不易氧化,接触电阻小,导电性好,寿命长。

（3）灭弧系统。灭弧装置用来熄灭主触点在切断电路时所产生的电弧,以保护触点不受电弧的灼伤,减少电路分断时间。在容量稍大的电气装置中,均装有一定的灭弧装置。交流接触器中常采用电动力灭弧、双断口灭弧、纵缝灭弧、磁吹灭弧、栅片灭弧几种灭弧方法。

交流接触器的电气符号如图 6.1.6 所示。

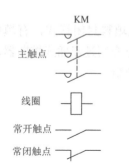

图 6.1.6　交流接触器电气符号

3. 按钮

按钮又称为控制按钮或按钮开关,是一种手动控制电器。它不能直接控制主电路的通断，而通过短时接通或分断 5A 以下的小电流控制电路，向其他电器发出指令性的电信号，控制其他电器动作。

按钮主要由按钮帽、复位弹簧、常闭触点、常开触点、接线柱及外壳等组成。按钮外形和结构如图 6.1.7（a）、（b）所示。

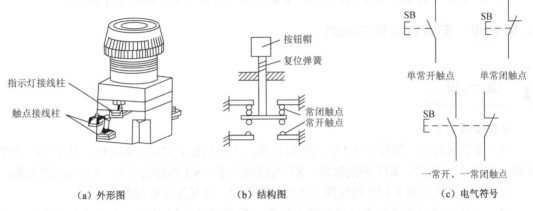

（a）外形图　　　　　　（b）结构图　　　　　　（c）电气符号

图 6.1.7　按钮外形、结构及符号

按钮分为启动按钮（常开按钮）、停止按钮（常闭按钮）和复合按钮（既有常开触点、又有常闭触点）。图 6.1.7 所示为复合按钮，按下按钮帽令其动作时，首先断开常闭触点，再通过一定行程后才能接通常开触点；松开按钮帽时，复位弹簧先使常开触点分断，通过一定行程后常闭触点才闭合。

按钮的选用应根据使用场合、控制电路所需触点数目及按钮帽的颜色等方面综合考虑。

第 4 步　识读点动控制线路图

点动控制线路原理图如图 6.1.8 所示。

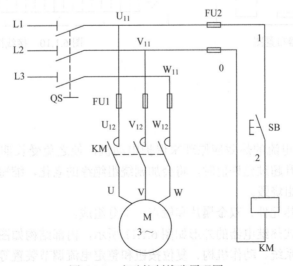

图 6.1.8　点动控制线路原理图

点动控制：指按下按钮，电动机就得电运转；松开按钮，电动机就失电停转的控制方式。

点动控制线路工作原理如下。

合上电源开关 QS：

启动：按下按钮 SB→KM 线圈得电→KM 主触点闭合→电动机通电启动。

停止：松开按钮 SB→KM 线圈失电→KM 主触点打开→电动机断电停转。

第 5 步　安装自锁控制线路

操作步骤如下。

（1）安装元器件，按照图 6.1.9 元件布置图，在控制板上安装电器元件，其中 FU 为熔断器，QS 为组合开关，KM 为接触器，XT 为接线端子，SB 为按钮开关，FR 为热继电器。

（2）接线，先在图 6.1.10 接线图上画出线路走向，再按图进行接线。

（3）安装结束经教师检查后进行通电试车，按下启动按钮 SB1，看电动机是否启动旋转，松开按钮 SB1 看电动机是否停止旋转，再按下停止按钮看电动机是否停转。

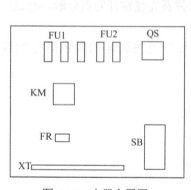

图 6.1.9　电器布置图

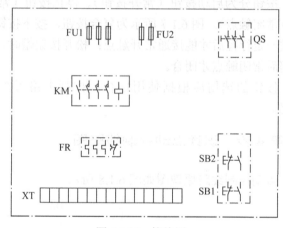

图 6.1.10　接线图

链接

1. 热继电器

热继电器是利用电流的热效应原理来保护电动机，使之免受长期过载的危害。电动机过载时间长，绕组温升超过允许值时，将会加剧绕组绝缘的老化，缩短电动机的使用年限，严重时会使电动机绕组烧毁。

热继电器主要由热元件、双金属片和触点三部分组成。

常用的双金属片式热继电器的外形如图 6.1.11 所示，内部结构如图 6.1.12 所示，其主要部分由热元件、触点系统、动作机构、复位按钮和整定电流调节装置等组成。它的动作原理如图 6.1.13 所示。热继电器的常闭触点串联在被保护的二次电路中，它的热元件由电阻值不高的电热丝或电阻片绕成，靠近热元件的双金属片是用两种热膨胀系数差异较大的金属薄片叠压在一起，热元件串联在电动机或其他用电设备的主电路中。正常时双金属片不会使电路动作。当电路过载时，热元件使双金属片向下弯曲变形，扣板在弹簧拉力作用下带动绝缘牵引板，分断接入控制电路中的常闭触点，通过控制接触器切断主电路，从而起过载保护作用。热继电器动作后，一般不能立即自动复位，只有当电流恢复正常、双金属片复原后，再按动复位按钮方可复位。

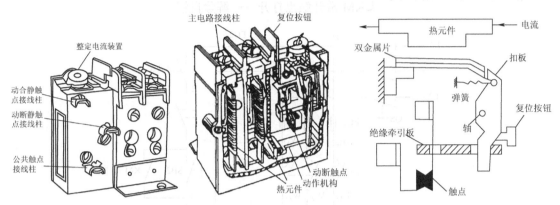

图 6.1.11　热继电器外形和结构　　图 6.1.12　热继电器内部结构　　图 6.1.13　热继电器动作原理图

热继电器的整定电流，是指热继电器长期运行而不动作的最大电流。通常只要负载电流越过整定电流 1.2 倍，热继电器必须动作。整定电流的调整可通过旋转外壳上方的旋钮完成，旋钮上刻有整定电流标尺，作为调整时的依据。

2．自锁控制线路及其保护

自锁：在点动控制电路中，当松开按钮时，电动机就会停止，这在一些短时工作的设备上是可以使用的，但大多数设备要求电机启动后，松开按钮电动机仍然维持旋转，这就使用到自锁控制，用接触器的常开触点与启动按钮并联，当按下启动按钮后接触器线圈得电，常开触点闭合，维持自身的线圈得电，这种通过自身常开辅助触点而使线圈保持得电的作用称为自锁。

过载保护：指当电动机出现过载时能自动切断电动机电源，使电动机停转的一种保护。

欠压保护：指当线路电压下降到某一数值时，电动机能自动脱离电源停转，避免电动机在欠压下运行的一种保护。

采用接触器自锁控制线路就可避免电动机欠压运行。因为当线路电压下降到一定值时，接触器线圈两端的电压也同样下降到此值，从而使接触器线圈磁通减弱，产生的电磁吸力减小。当电磁吸力减小到小于反作用弹簧的拉力时，动铁芯被迫释放，主触点、自锁触点同时分断，自动切断主电路和控制电路，电动机失电停转，达到了欠压保护的目的。

失压保护：指电动机在正常运行中，由于外界某种原因引起突然断电时，能自动切断电动机电源；当重新供电时，保证电动机不能自行启动的一种保护。

3．自锁控制线路原理图

自锁控制线路原理图如图 6.1.14 所示。其工作原理如下。

合上开关 QS：

启动：

按 SB2 → KM 线圈得电 { KM 主触点闭合 → 电动机 M 通电启动
KM 常开触点闭合 → 维持 KM 线圈得电 → 自锁

停止：

按 SB1 → KM 线圈失电 { KM 主触点打开 → 电动机 M 断电停转动
KM 常开触点打开 → 解除自锁

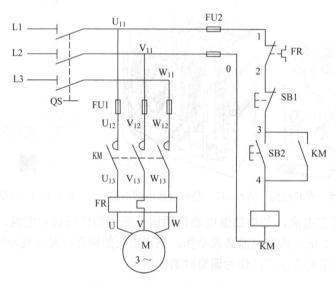

图 6.1.14 自锁控制线路原理图

1. 为什么点动电路松开按钮，电动机会停止旋转，而自锁电路不会停转？
2. 自锁电路使用的是常开的按钮进行自锁的，请问用常闭的按钮行不行？为什么？

一、填空题

1. 熔断器是低压线路和电动机控制电路中最简单最常用的_____和_____保护电器。
2. 接触器是一种用来_____接通或分断带有_____的主电路（如电动机）的自动控制电器。
3. 交流接触器由_____、_____、_____及其他部件等四部分组成。
4. 按钮分为_____、_____和_____。
5. 热继电器是利用_____原理来保护电动机，使之免受_____的危害。交流接触器的触点系统按功能不同分为_____和_____两类。
6. 热继电器主要由_____、_____和_____三部分组成。

7. 三相异步电动机由_____、_____两大部分组成,前者是固定不动的部分,后者是旋转的部分,在两者之间有一定的气隙。

二、判断题

1. 交流接触器主触点用于接通和分断小电流的二次控制电路。　　　　(　)
2. 交流接触器辅助触点用于接通和分断大电流的主电路。　　　　　　(　)
3. 实现自锁作用的是交流接触器的常开触点。　　　　　　　　　　　(　)
4. 热继电器动作后,可以立即自动复位。　　　　　　　　　　　　　(　)

三、问答题

1. 什么叫自锁控制?是由那种部件实现的?
2. 试述点动控制电路的工作原理。
3. 简述自锁控制电路的工作原理。

项目2　三相异步电动机正反转控制

1. 认识常用控制元器件。
2. 了解三相异步电动机正反转控制电路的基本组成。
3. 安装三相异步电动机控制线路。

搭建三相异步电动机正反转控制电路。

┃ 第1步　安装接触器联锁的正反转控制线路

操作步骤如下。
(1) 按图6.2.1各元件的位置在控制板上安装所有电器元件。
(2) 进行图6.2.1进行接线。
(3) 经指导教师检查后通电试车。

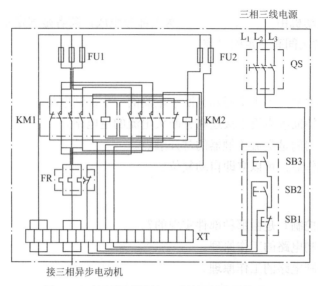

图 6.2.1 接触器联锁的正反转控制电路接线图

■ 第 2 步 识读三相异步电动机正反转控制电路图

🔗 链接

在生产中许多机械设备往往要求运动部件能向正反两个方向运动,因而需要电动机能实现正反转,电动机正反转可由两个接触器通过改变通往电动机定子绕组的三相电源相序,即对调三相电源进线中的任意两相接线实现。

两个接触器的主触点不允许同时闭合,否则就会造成两相电源短路,这样就要求当一个接触器得电动作时,另一个接触器不能得电动作,接触器间这种相互制约的作用就称为接触器联锁。联锁是通过在本方的线圈电路上串联一个对方的常闭触点。根据联锁的方式,三相异步电动机正反转控制电路有接触器联锁正反转控制电路、按钮联锁正反转控制电路、接触器按钮双重联锁正反转控制电路三种。

接触器联锁的正反转控制电路图如图 6.2.2 所示。

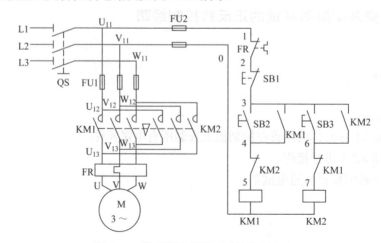

图 6.2.2 接触器联锁的正反转控制电路

其工作原理如下。

合上 QS：

（1）正转控制。

启动：

按 SB2→KM1 线圈得电 { KM1 常闭触点打开 → 使 KM2 线圈无法得电（联锁）
                      KM1 主触点闭合   → 电动机 M 通电启动正转
                      KM1 常开触点闭合   → 自锁

停止：

按 SB1→KM1 线圈失电 { KM1 常闭触点闭合 → 解除对 KM2 的联锁
                      KM1 主触点断开   → 电动机 M 停止正转
                      KM1 常开触点打开   → 解除自锁

（2）反转控制。

按 SB3→KM2 线圈得电 { KM2 常闭触点打开 → 使 KM1 线圈无法得电（联锁）
                      KM2 主触点闭合   → 电动机 M 通电启动反转
                      KM2 常开触点闭合   → 自锁

启动：

按 SB1→KM2 线圈失电 { KM2 常闭触点闭合 → 解除对 KM1 的联锁
                      KM2 主触点断开   → 电动机 M 停止反转
                      KM2 常开触点打开   → 解除自锁

停止：

拓展

1. 按钮联锁的正反转控制电路

按钮联锁的正反转控制电路图如图 6.2.3 所示。

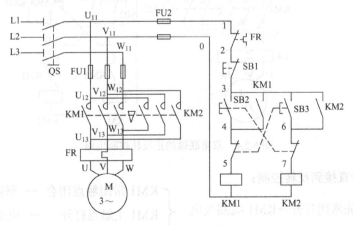

图 6.2.3　按钮联锁的正反转控制电路

合上电源开关 QS。

（1）正转控制：

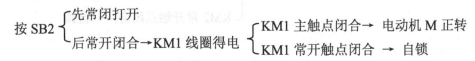

(2) 反转控制：

按 SB3 $\begin{cases}先常闭打开 \to KM1 线圈失电 \begin{cases}KM1 主触点打开 \to 电动机 M 停止正转 \\ KM1 常开触点打开 \to 解除自锁\end{cases} \\ 后常开闭合 \to KM2 线圈得电 \begin{cases}KM2 主触点闭合 \to 电动机 M 反转 \\ KM2 常开触点闭合 \to 自锁\end{cases}\end{cases}$

停止：

按 SB1 $\to$ KM2 线圈失电 $\begin{cases}KM2 主触点打开 \to 电动机 M 停转 \\ KM2 常开触点打开 \to 解除自锁\end{cases}$

2. 双重联锁的正反转控制电路

双重联锁的正反转控制电路图如图 6.2.4 所示。

合上电源开关 QS。

（1）正转控制：

按 SB2 $\begin{cases}SB2 常闭先打开 \to 对 KM2 线圈联锁 \\ SB2 常开后闭合 \to KM1 线圈得电\end{cases}$ $\begin{cases}KM1 常闭触点打开 \to 联锁 \\ KM1 主触点闭合 \to 电动机 M 正转 \\ KM1 常开触点闭合 \to 自锁\end{cases}$

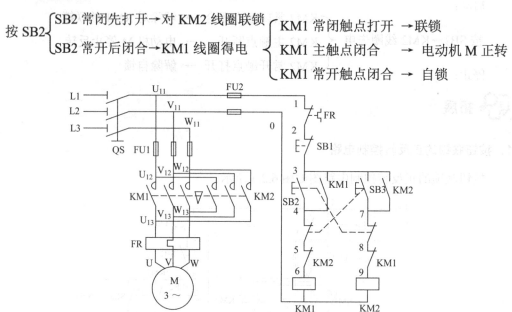

图 6.2.4 双重联锁的正反转控制电路

（2）由正转直接到反转控制：

按 SB3 $\begin{cases}先常闭打开 \to KM1 线圈失电 \begin{cases}KM1 常闭触点闭合 \to 解除联锁 \\ KM1 主触点打开 \to 电动机 M 停止正转 \\ KM1 常开触点打开 \to 解除自锁\end{cases} \\ 后常开闭合 \to KM2 线圈得电 \begin{cases}KM2 常闭触点打开 \to 联锁 \\ KM2 主触点闭合 \to 电动机 M 反转 \\ KM2 常开触点闭合 \to 自锁\end{cases}\end{cases}$

停止：
按 SB1→KM2 线圈失电 { KM2 常闭触点闭合 → 解除联锁
KM1 主触点打开 → 电动机 M 停转
KM1 常开触点打开 → 解除自锁

习题

一、填空题

1. 电动机正反转是通过改变_____，即对调_____实现的。
2. 两个接触器的主触点不允许同时闭合，否则就会造成_____。

二、判断题

1. 用联触器的常开触点可实现联锁控制。（   ）
2. 接触器联锁正反转控制电路可直接从正转状态按反转启动按钮启动反转。（   ）

三、问答题

1. 电动机正反转电路为什么要采用联锁控制？用什么器件可实现联锁？
2. 试叙述接触器联锁的正反转控制电路的工作原理。
3. 试叙述双重联锁的正反转控制电路的工作原理。

*项目 3　普通车床控制电路的认识

1. 认识普通车床控制元器件。
2. 了解普通车床控制电路的基本组成。
3. 识读普通车床电气控制电路原理图。

识读普通车床电气控制电路原理图。

▌第 1 步　认识普通车床组成部件

到学校的实习工场实际参观一下 CA6140 型车床，请指导教师介绍一下 CA6140 型车床

的结构及动作原理，启动一下车床，看一下车床的启动和停止及正反转的情况。

链接

1. CA6140 型车床的结构

CA6140 型车床其外形结构如图 6.3.1 所示，主要由主轴箱、进给箱、溜板箱、床身、尾座等部分组成。

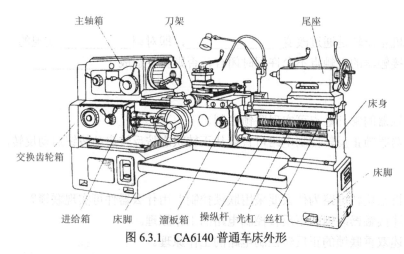

图 6.3.1 CA6140 普通车床外形

2. CA6140 型车床的运动形式及控制要求

（1）主轴运动形式及控制。CA6140 普通车床的动力由主轴电动机供给，经三角带与主轴变速箱相连，使主轴带动卡盘旋转。主轴的变速采用机械方式实现，调整主轴变速机构的操作手柄，可使主轴获得不同的速度，以适应各种不同的加工需要；主轴的正反转由操作手柄通过双向摩擦离合器控制；主轴的制动采用机械制动。

（2）刀架进给运动形式及控制。刀架进给运动由主轴电动机通过丝杠或光杠连接溜板箱带动刀架运动。刀架快速进给由另一台电动机拖动，采用点动控制。

（3）冷却系统。冷却泵由一台单速单向运动的电动机拖动，主轴启动后可直接开、关冷却液的供给。

（4）电器布置。车床主要控制电器一般在车床主轴箱下床身内的电气控制柜中，而在车床前面的床身表面有电源开关、冷却泵开关及照明灯开关。车床附近的墙壁或立柜上还配备专用的配电板，上面装有刀开关和熔断器。

第 2 步　认识普通车床控制元器件

1. 控制器件

断路器 QF 控制总的电源。

交流接触器 KM 控制主轴电机的启动和停止。

中间继电器 KA1 控制冷却泵电机的启动和停止。

中间继电器 KA2 控制刀架快速移动电机的启动和停止。

开关 SA 控制照明灯 EL。

2. 保护器件

QF：作断路保护。

SQ1：为一行程开关，作打开床头皮带罩后保护，当打开床头皮带罩后，SQ1 将使控制电路断电。

SQ2：为一行程开关，作配电盘壁龛门打开保护。

断路保护：钥匙开关 SB 和位置开关 SQ2 在正常工作时是断开的，QF 线圈不通电，断路器 QF 能合闸。当关上钥匙开关或打开配电盘壁龛门时，SQ2 闭合，QF 线圈获电，断路器 QF 自动断开。

■ 第 3 步　识读普通车床控制电路图

1. 主轴电动机 M1 的控制

M1 启动：

按 SB2 → KM 线圈得电 $\begin{cases} KM\ 常开触点闭合 \to 自锁 \\ KM\ 主触点闭合\ \to\ 电动机\ M\ 正转 \\ KM\ 常开触点闭合\ \to 使冷却泵电机的启动作准备 \end{cases}$

M1 停止：

按 SB1 → KM 线圈失电 → KM 触点复位 → 电动机 M 失电停转

2. 冷却泵电动机 M2 的控制

在主轴电机启动后，即 KM 常开触点闭合，合上旋钮开关 SB4，冷却泵电机 M2 才可能启动。当 M1 停止运行时，M2 自行停止。

3. 刀架快速移动电动机 M3 的控制

刀架快速移动电动机 M3 的启动是由安装在进给操作手柄顶端的按钮 SB3 控制，它与中间继电器 KA2 组成点动控制线路。刀架移动方向（前、后、左、右）的改变，是由进给操作手柄配合机械装置实现的。如需要快速移动，按下 SB3 即可。

4. 照明、信号电路分析

控制变压器 TC 的二次侧分别输出 24V 和 6V 电压，分别作为车床低压照明灯和信号灯的电源。EL 作为车床的低压照明灯，由开关 SA 控制；HL 为电源信号灯。

习题

一、填空题

1. 普通车床主要由_____、_____、_____、_____、_____等部分组成。
2. 在图 6.3.2 中，KM 的作用为_____、KM 的作用为_____、KA1 的作用为_____、KA2 的作用为_____、SQ1 的作用

为_____、SQ2 的作用为_____。

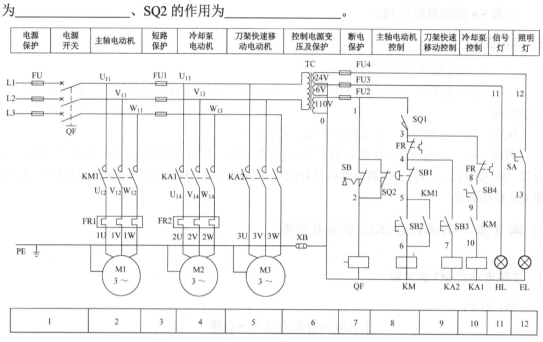

图 6.3.2　CA6140 车床控制线路工作原理图

二、问答题

1. 叙述车床控制电路中变压器各抽头电源的作用。
2. 在什么情况下，即使按下按钮车床也不能启动旋转？
3. 断路器 QF 在什么情况下会自动切断电源实现断路保护？

学习领域 7　电机与变压器

项目 1　用电技术

　学习目标

1. 了解发电、输电和配电过程。
2. 了解电力供电的主要方式和特点。
3. 了解供配电系统的基本组成。
4. 了解节约用电的方式方法，树立节约能源意识。

　工作任务

认识供配电系统，学会节约用电的方法。

▎第 1 步　认识供配电系统

　链接

供配电系统

电力系统的组成：电力是现代工业的主要动力，在各行各业中都得到了广泛的应用。电力系统由发电、输电和配电系统组成，如图 7.1.1 所示。

1. 发电

发电厂是生产电能的工厂，它是把非电形式的能量转换成电能。发电厂的种类很多，一般根据所利用能源的不同分为火力发电厂、水力发电厂、原子能发电厂。此外，还有风力、地热、沼气、太阳能等发电厂。我国以水力和火力发电为主，近几年也在发展核能发电。电压一般为

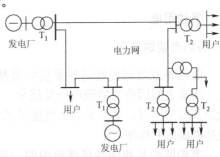

图 7.1.1　电力系统的组成

10.5kV、13.8kV 或 13.75kV。

2. 输电

输电就是将电能输送到用电地区或直接输送到大型用电户。输电网是由 35kV 及以上的输电线路与其相连接的变电所组成的，它是电力系统的主要网络。输电是联系发电厂和用户的中间环节。

在输电过程中，为了能将电能输送远些，并减少输电损耗，需通过升压变压器将电压升高到 110kV，220kV 或 500kV。然后经过远距离高压输送后，再经过降压变压器降压至负载所需电压，如 35kV，10kV。

3. 配电

配电是由 10kV 级以下的配电线路和配电（降压）变压器所组成的。它的作用是将电能降为 380/220V 低压再分配到各个用户的用电设备。

因此，由发电、输电、变电、配电和用电组成的整体就是电力系统。

■ 第 2 步　学会节约用电

每节约一度电，就意味着可节约近 0.4 千克标准煤，就意味着节约近 4 升净水，就意味着减少 0.272 千克炭粉尘排放，就意味着减少约 1 千克二氧化碳排放……

准确地说，一切电器都有待机能耗。待机能耗较大的有计算机、空调、电视、DVD、VCD、音响功放、录像机、打印机和饮水机等，如表 7.1.1 所示。

表 7.1.1　电器待机能耗一览表

待机能耗产品	平均待机能耗（瓦/台）	待机能耗产品	平均待机能耗（瓦/台）
PC 主机	35.07	彩色电视	8.07
显示器	7.09	DVD	13.17
空调	3.47	VCD	10.97
音响功放	12.35	录像机	10.10
传真机	5.70	电饭煲	19.82

 链接

节约用电

1. 节约电能的意义

能源是发展国民经济的重要物质基础，也是制约国民经济发展的一个重要因素。历史上，国家之间因争夺能源而引发战争，而战争又往往是以能源为武器的较量。因此，在加强能源开发的同时，必须大力降低能源消耗，提高能源的有效利用程度。节能的科学含义即是提高能源的利用率。

节约能源是我国经济建设中的一项重大政策。而电能是一种高价的人工能源，它只利用了一次能源的 30%左右。因此，节约电能又是节约能源工作中的一个重要方面。

在我国，要得到 1kW 的电力，建火电厂需 2000～3000 元，建水电厂约需 4000 元，建核电站约需 8500 元。而通过节约电能达到这一目的则大约只需 300～900 元，还可以减少环境污染。因此，充分利用在生产、输送、使用过程中被无谓损耗和浪费掉的电能，是一项意义重大并且效益显著的工作。

2．节约用电的方法

（1）改造或更新用电设备，推广节能新产品，提高设备运行效率。正在运行的设备（包括电气设备，如电动机、变压器）和生产机械（如风机、水泵）是电能的直接消耗对象，它们的运行性能优劣，直接影响到电能消耗的多少。早先生产的设备性能会随着科学技术的进步而变得落后，再加上长期使用磨损老化，性能也会逐步变劣。因此对设备进行节电技术改造必然是开展节约用电工作的重要方面。

（2）采用高效率低消耗的生产新工艺替代低效率高消耗的老工艺，降低产品电耗，大力推广应用节电新技术措施。新技术和新工艺的应用会促使劳动生产率的提高、产品质量的改善和电能消耗的降低。

（3）提高电气设备经济运行水平。设备实行经济运行的目的是降低电能消耗，使运行成本减少到最低限度。在多数情况下，生产负载或服务对象的要求是一个随机变量，而设计时，常按最大负荷来选配设备能力，加之设备的能力又存在有级差，选择时常选偏大一级的，这样在运行时，就不可避免会出现匹配不合理，使设备处于低效状态工作，无形之中降低了电能的利用程度。经济运行问题的提出，就是想克服设备长期处于低效状态而浪费电能的现象。经济运行实际上是将负载变化信息反馈给调节系统来调节设备的运行工况，使设备保持在高效区工作。

（4）加强单位产品电耗定额的管理和考核；加强照明管理，节约非生产用电；积极开展企业电能平衡工作。

（5）加强电网的经济调度，努力减少厂用电和线损；整顿和改造电网。

（6）应用余热发电，提高余热发电机组的运行率。

1．算一算家庭正常用电情况，如果按照要求节约用电，能节约多少电能？
2．检查家中的漏电保护器是否失效？（注意安全）

1．使用家用电器，怎样才能既省电，又最大限度地发挥其功能，试列举例子？
2．当漏电保护器无法工作时，分析可能原因？

一、填空题

1．电力系统由_____、_____和_____系统组成。
2．在输电过程中，为了能将电能输送远些，并减少_____，需通过_____变压器将电压升高到 110kV、220kV 或 500kV。

3．供配电系统由总_____变电所（或高压配电所）、_____配电线路、分变电所、低压配电线路及_____组成。

4．电能是应用最广泛的_____能源，是天然能源经过_____而形成的新能源。

二、简答题

1．叙述发电、输电、配电的过程。
2．简述电力供电的方式和特点。
3．简述节约用电的方式和方法。

项目2 单相变压器的认识

学习目标

1．了解单相变压器的基本结构、额定值及用途。
2．理解变压器的工作原理及变压比、变流比的概念。
3．了解变压器的外特性、损耗及效率。

工作任务

1．单相变压器的基本结构、额定值及用途。
2．理解变压器的工作原理及变压比、变流比的概念、变压器的外特性、损耗及效率。

第1步 认识单相变压器的基本结构

电力工业中常采用高压输电低压配电，实现节能并保证用电安全，如图 7.2.1 所示。

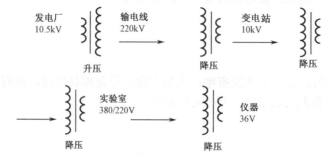

图 7.2.1 电力工业中常采用高压输电低压配电

链接

单相变压器的基本结构

1. 变压器的基本构造

单相变压器主要由一个闭合的软磁铁芯和两个套在铁芯上而又互相绝缘的绕组所构成。铁芯是变压器的磁路部分,为了减少涡流和磁滞损耗,铁芯多用磁导率较高且相互绝缘的硅钢片叠成,如图 7.2.2 所示。

绕组通常又称为线圈,是变压器的电路部分。其中和电源相连的绕组称为初级绕组或原边绕组,和负载相连的绕组称为次级绕组或副边绕组。

另外,由于铁芯损失而使铁芯发热,变压器要有冷却系统。一般小容量变压器采用自冷式而中大容量的变压器采用油冷式。

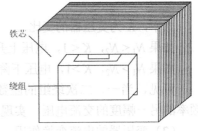

图 7.2.2 单相变压器

2. 变压器的用途

变压器主要用途是变换电压,另外还可以变换电流(如电流互感器)、变换阻抗、改变相位(如脉冲变压器)等。

3. 变压器的额定值

变压器的满负荷运行情况称为额定运行,额定运行条件称为变压器的额定值。

(1) 额定容量 S_N:指变压器的视在功率。对三相变压器指三相容量之和,单位为伏安(VA)或千伏安(kVA)。

(2) 额定电压 U_N:U_{1N} 指电源加到原边绕组上的电压,U_{2N} 是副边绕组开路即空载运行时副绕组的端电压。对于三相变压器一般指线电压值。单位为伏(V)或千伏(kV)。

(3) 额定电流 I_N:由 S_N 和 U_N 计算出来的电流,即为额定电流。

$$I_{1N} = \frac{S_N}{U_{1N}} \qquad I_{2N} = \frac{S_N}{U_{2N}}$$

(4) 额定频率 f_N:我国规定标准工业用电频率为 50 赫兹(Hz),有些国家采用 60 赫兹。

此外,额定工作状态下变压器的效率、温升等数据均属于额定值。

第 2 步 了解变压器的工作原理

变压器的一次绕组(一次绕组)与交流电源接通后,经绕组内流过交变电流产生磁通 Φ,在这个磁通作用下,铁芯中便有交变磁通 Φ,即一次绕组从电源吸取电能转变为磁能,Φ 在铁芯中同时交(环)链原、副边绕组(二次绕组),由于电磁感应作用,分别在原、副绕组产生频率相同的感应电动势。如果此时二次绕组接通负载,在二次绕组感应电动势作用下,便有电流流过负载,铁芯中的磁能又转换为电能。这就是变压器利用电磁感应原理将电源的电能传递到负载中的工作原理。

链接

1. 变压器的工作原理

（1）变压器的电压变换作用。如图 7.2.3 所示，在主磁通的作用下，两侧的线圈分别产生感应电势，感应电势的大小与匝数成正比，即

$$\frac{E_1}{E_2} = \frac{N_1}{N_2} = K$$

忽略线圈内阻得

$$\frac{U_1}{U_2} = \frac{N_1}{N_2} = K$$

式中，K 为变压器的变比。

如果 $N_1 < N_2$，$K < 1$，电压上升，称为升压变压器。

如果 $N_1 > N_2$，$K > 1$，电压下降，称为降压变压器。

可见，当一、二次绕组的匝数不同时，变压器就可以把某一幅度的交流电压变换为同频率的另一幅度的交流电压，实现电压变换作用。

（2）变压器的电流变换作用。如图 7.2.4 所示，根据能量守恒定律，变压器输出功率与从电网中获得功率相等，即 $P_1 = P_2$，由交流电功率的公式可得

$$U_1 I_1 \cos\varphi_1 = U_2 I_2 \cos\varphi_2$$

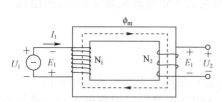
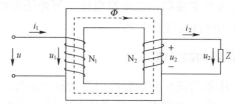

图 7.2.3　变压器的电压变换作用　　　图 7.2.4　变压器的电流变换作用

式中，$\cos\varphi_1$、$\cos\varphi_2$ 分别是原、副线圈电路的功率因数，可认为相等，因此得到

$$U_1 I_1 = U_2 I_2$$

$$\frac{I_1}{I_2} = \frac{N_2}{N_1} = \frac{1}{K}$$

即变压器一、二次绕组上流过的电流有效值之比与一、二次绕组的匝数成反比。

可见，当一、二次绕组的匝数不同时，变压器就可以把某一幅度的交流电流变换为同频率的另一幅度的交流电流，实现电流变换作用。

（3）变压器的阻抗变换作用。设 $|Z_1|$、$|Z_2|$ 分别为一次绕组、二次绕组两端的等效阻抗，则

$$|Z_1| = \frac{U_1}{I_1} = \frac{\frac{N_1}{N_2} U_2}{\frac{N_2}{N_1} I_2} = \left(\frac{N_1}{N_2}\right)^2 \frac{U_2}{I_2} = \left(\frac{N_1}{N_2}\right)^2 |Z_2|$$

$$\frac{|Z_1|}{|Z_2|} = \left(\frac{N_1}{N_2}\right)^2$$

即变压器一、二次绕组两端的等效阻抗之比等于一、二次绕组匝数比的平方。匝数比不同，负载阻抗折算到原边的等效阻抗也不同。我们可以采用不同的匝数比，把负载阻抗变

换为所需要的、比较合适的数值。这种做法通常称为阻抗匹配。

【例 7.2.1】有一电压比为 220V/110V 的降压变压器，如果次级接上 55Ω 的电阻，求变压器初级的输入阻抗。

【解 1】
$$I_2 = \frac{U_2}{|Z_2|} = \frac{110}{55} = 2 \text{ A}$$

$$K = \frac{N_1}{N_2} \approx \frac{U_1}{U_2} = \frac{220}{110} = 2$$

$$I_1 = \frac{I_2}{K} = \frac{2}{2} = 1 \text{ A}$$

$$|Z_1| = \frac{U_1}{I_1} = \frac{220}{1} = 220 \text{ Ω}$$

【解 2】
$$K = \frac{N_1}{N_2} \approx \frac{U_1}{U_2} = \frac{220}{110} = 2$$

$$|Z_1| \approx \left(\frac{N_1}{N_2}\right)^2 |Z_2| = K^2 |Z_2| = 4 \times 55 = 220 \text{ Ω}$$

2．变压器的外特性

当电源电压 U_1 不变时，随着副绕组电流 I_2 的增加（负载增加），原、副绕组阻抗上的电压降便增加，这将使副绕组的端电压 U_2 发生变动。当电源电压 U_1 和副边所带负载的功率因数 $\cos\varphi_2$ 为常数时，副边端电压 U_2 随负载电流 I_2 变化的关系曲线 $U_2=f(I_2)$ 称为变压器的外特性曲线。图 7.2.5 为变压器的外特性曲线图。

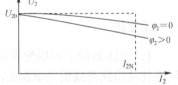

图 7.2.5 变压器的外特性曲线图

通常我们希望电压 U_2 的变动越小越好。从空载到额定负载，副绕组电压的变化程度用电压变化率 ΔU 表示，即

$$\Delta U\% = \frac{U_{20} - U_2}{U_{20}} \times 100\%$$

式中，U_{20} 为副边的空载电压，也就是副边电压 U_{2N}；U_2 为 $I_2=I_{2N}$ 时副边端电压。

3．变压器的损耗与效率

变压器存在一定的功率损耗。变压器的损耗包括铁芯中的铁损 P_{Fe} 和绕组上的铜损 P_{Cu} 两部分。其中铁损的大小与铁芯内磁感应强度的最大值 B_m 有关，与负载大小无关，而铜损则与负载大小（正比于电流平方）有关。

铁损即是铁芯的磁滞损耗和涡流损耗；铜损是原、副边电流在绕组的导线电阻中引起的损耗。

变压器的输出功率 P_2 与输入功率 P_1 之比的百分数称为变压器的效率，用 η 表示。

$$\eta = \frac{P_2}{P_1} = \frac{P_2}{P_2 + \Delta P_{Fe} + \Delta P_{Cu}} \times 100\%$$

大容量变压器的效率可达 98%～99%，小型电源变压器效率为 70%～80%。

【例 7.2.2】有一变压器初级电压为 2200 V，次级电压为 220 V，在接纯电阻性负载时，测得次级电流为 10 A，变压器的效率为 95%。试求它的损耗功率、初级功率和初级电流。

【解】次级负载功率 $\qquad P_2 = U_2 I_2 \cos\varphi_2 = 220 \times 10 = 2200 \text{ W}$

初级功率 $\quad P_1 = \dfrac{P_2}{\eta} = \dfrac{2200}{0.95} \approx 2316 \text{ W}$

损耗功率 $\quad P_L = P_1 - P_2 = 2316 - 2200 = 116 \text{ W}$

初级电流 $\quad I_1 = \dfrac{P_1}{U_1} = \dfrac{2316}{2200} \approx 1.05 \text{ A}$

1. 观察变压器的结构，认识变压器的铭牌。
2. 变压器不接电源时，用万用表欧姆挡测量判断每个线圈的两根引出线，并记住每个线圈引出线对应的接线柱。

1. 变压器的损耗与负载大小是否有关？
2. 变压器的外特性与负载的关系如何？

一、填空题

1. 变压器除了可以变换电压以外，还可以变换_____，变换_____，改变_____，变压器往往用铁壳或铝壳罩起来，为了起到_____作用。
2. 变压器初、次级线圈的电压之比与它们的匝数成_____，公式是_____；变压器初、次级线圈的电流之比与它们的匝数成_____，公式是_____。
3. 根据理想变压器的作用可以推断出变压器有这样特点：接高压的线圈匝数____，导线____；而接低压的线圈匝数____，导线____。
4. 铁芯是变压器的_____通道。铁芯多用彼此绝缘的硅钢片叠成，目的是为了减少_____和_____。
5. 变压器的损耗有_____损耗和_____损耗，其中_____损耗由电源电压及频率决定。
6. 一个理想变压器的初级绕组的输入电压是220V，次级绕组的输出电压为20V。如果次级绕组增加100匝后，输出电压就增加到25V，由此可知次级绕组的匝数是_____。调整后如果在次级接上50Ω的电阻，则变压器初级的输入阻抗是_____。
7. 一个理想变压器初级线圈的匝数为9900匝，次级线圈的匝数为1620匝，如在初级线圈上加上220V的电压，则次级线圈的输出电压为_____，若初级线圈的匝数保持不变，要使次级线圈的输出电压为45V，则次级线圈的匝数应为_____匝。

二、判断题

1. 变压器可以变换各种电源的电压。（　　）
2. 变压器一次绕组的输入功率是由二次绕组的输出功率决定的。（　　）
3. 变压器输出电压的大小决定于输入电压的大小的一次、二次绕组的匝数比。（　　）

4. 变压器是一种静止的电气设备,它只能传递电能,而不能产生电能。（　）
5. 变压器的额定容量,是指在额定工作情况下,副线圈输出的有功功率。（　）
6. 一台降压变压器只要将一次、二次绕组对调就可作为升压变压器使用。（　）

三、选择题

1. 下面叙述正确的是（　）。
   A. 变压器可以改变交流电的电压
   B. 变压器可以改变直流电的电压
   C. 变压器可以改变交流电的电压,也可以改变直流电的电压
   D. 变压器除了改变交流电压、直流电压外,还能改变电流等
2. 降压变压器必须符合（　）。
   A. $I_1>I_2$　　B. $K<1$　　C. $I_1<I_2$　　D. $N_1>N_2$
3. 铁芯是变压器的磁路部分,铁芯采用表面涂有绝缘漆或氧化膜的硅钢片叠装而成是为了（　）。
   A. 增加磁阻减少磁通　　　　B. 减少磁阻增加磁通
   C. 减少涡流和磁滞损耗　　　D. 减少体积减轻重量
4. 一理想变压器的原、副线圈匝数比为 4∶1,若在原线圈上加 $u=1414\sin100\pi t$ V 的交流电压,则在副线圈的两端用交流电压表测得的电压是（　）。
   A. 250V　　B. 353.5V　　C. 200V　　D. 500V
5. 为了安全,机床上照明电灯用的电压是 36V,这个电压是把 220V 的电压通过变压器降压后得到的,如果这台变压器给 40W 的电灯供电（不考虑损耗）,则原、副线圈的电流之比是（　）。
   A. 1∶1　　B. 55∶9　　C. 9∶55　　D. 无法确定
6. 有一变压器的初级电压为 500V,初次级线圈的匝数比为 10∶1,在接有纯电阻性负载时,测得次级电流为 10A。若变压器的效率为 90%,则变压器的消耗功率是（　）。
   A. 55.6W　　B. 87.3W　　C. 63.2W　　D. 24.12W
7. 接有负载的理想变压器,初级阻抗是 50Ω,次级阻抗为 200Ω,则变压器的匝数比为（　）。
   A. 4∶1　　B. 2∶1　　C. 1∶2　　D. 1∶4

四、计算题

1. 有一台变压器额定电压为 220V/110V,匝数为 $N_1=1000$,$N_2=500$。为了节约成本,将匝数改为 $N_1=10$,$N_2=5$ 是否可行？
2. 有一台单相照明用变压器,容量为 10kVA,额定电压为 330V/220V。今欲在二次绕组上接 60W/220V 的白炽灯,如果变压器在额定状况下运行,这种电灯可以接多少个？并求一次、二次绕组的额定电流。
3. 额定容量 $S_N=2$kVA 的单相变压器,一次、二次绕组的额定电压分别为 $U_{1N}=220$V,$U_{2N}=110$V,求一次、二次绕组的额定电流各为多少？

*项目 3　三相变压器的认识

学习目标

了解三相变压器的基本结构和原理。

工作任务

掌握三相变压器的基本结构和原理。

▍第 1 步　认识三相变压器的基本结构

图 7.3.1 是各种不同形式的三相变压器。

（a）三相变压器

（b）25kVA 三相变压器

（c）伺服电机专用三相变压器

（d）三相输出变压器

（e）三相变单相变压器

（f）三相自耦变压器

图 7.3.1　三相变压器

链接

三相变压器的基本结构

三相变压器实际上就是由三个相同的单相变压器组合而成的，如图 7.3.2 所示。它有三个铁芯柱，每个铁芯柱都绕着同一相的 2 个线圈，一个是高压线圈，另一个是低压线圈。高压线圈的始端常用 ABC，末端用 XYZ 来表示；低压线圈则用 abc 和 xyz 来表示。

三相变压器是电力工业常用的变压器。根据三相电源和负载的不同，三相变压器初级和次级线圈可接成星形或三角形。

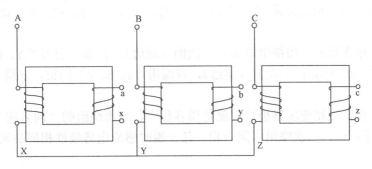

图 7.3.2　三个相同的单相变压器组合

■ 第 2 步　理解三相变压器的工作原理

变压器的基本工作原理是电磁感应原理。当交流电压加到一次侧绕组后交流电流流入该绕组就产生励磁作用，在铁芯中产生交变的磁通，这个交变磁通不仅穿过一次侧绕组，同时也穿过二次侧绕组，它分别在两个绕组中引起感应电动势。

🔍 链接

1. 三相变压器磁路系统

（1）三相变压器组。如图 7.3.2 所示，由三个单相变压器组成的三相变压器组。各相主磁通以各自铁芯作为磁路，铁芯独立，磁路不关联，互不影响；各相磁路的磁阻相同，当三相绕组接对称的三相电压时，各相的激磁电流和磁通对称。

（2）三相心式变压器。将三个单相铁芯并成一体，如图 7.3.3 所示。当三相变压器外加三相对称交流电压时，三相主磁通之和为零，因此中间的铁芯无磁通流过，故可取消中间铁芯，于是就成了目前广泛使用的三相心式变压器。

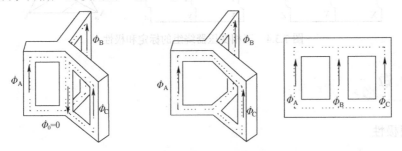

图 7.3.3　变压器心式磁路系统

由于磁路结构不同，三相心式变压器较三相变压器组用的硅钢片少，效率高，价格便宜，占地面积小，维护简单。因而在各类变压器中被广泛使用。

2. 三相变压器的连接组别

（1）三相变压器绕组的标定和极性。

三相变压器有三组一、二次绕组，分别安装在三个铁芯柱上，一次绕组加入三相对称交流电，二次绕组输出也是三相对称交流电。

一、二次绕组可分别连接成"Y"形或"△"形，常称星形接法或三角形接法，如图 7.3.4 所示。

① 标记三相变压器三相绕组端头。一次侧（原边），首端分别用"A、B、C"标记，末端用"X、Y、Z"标记；二次侧（副边），首端用"a、b、c"标记，末端用"x、y、z"标记。

② 极性。所谓三相变压器极性，就是指各相一、二次绕组的"同名端"。其规定为在同一磁链作用下，一、二次绕组（同一相）任一瞬时感应电势极性相同的端为同名端，用"黑点"标记。

（2）三相变压器组别的"时钟标定"法。

从理论可知，由于三相变压器的一、二次侧均为三相对称连接。无论接成"Y"形还是"△"形，可以证明同一相的一、二次对应端的线电势的相位差总是"30°"的倍数。

（3）三相变压器连接组别的确定方法。

三相变压器组别的确定，主要通过相量图法和规律归纳法判定。以下介绍相量图法的基本方法与步骤。

① 根据一、二次确定接线方式及特点：Y/Y 接法；同极性（一、二次同名端都在首端）；标出各对应相电势相量。

② 作一次侧三相对称相量图："Y"形；连接相量顶点，标定线相量及方向。

③ 作二次侧三相对称相量：将"A、a"点重合，按照一、二次侧对应相量平行法测出。

④ 确定接线点数及组别：从 E_{AB} 顺时针旋转到 E_{ab} 的角度（一定是 30°的倍数，此例为 360°）。所以为 Y/Y-12，即 12 点接法，如图 7.3.4 所示。

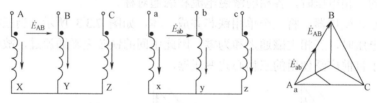

图 7.3.4　三相变压器绕组的标定和极性

1．测定相间极性

被测变压器选用三相心式变压器，用其中的高压和低压两组线圈，额定容量 P_N=150/150W，U_N=220V/55V，I_N=0.394/1.576A，Y/Y 接法。用万用表的电阻挡测出高低压线圈 12 个出线端之间哪两个相同，并观察阻值。阻值大的为高压侧，用 A、B、C、X、Y、Z 标出首末端。低压侧标记用 a、b、c、x、y、z。

按照图 7.3.5 接线，将 Y、Z 端点用导线相连，在 A 相施加约 50%U_N 的电压，测出电压 U_{BC}、U_{BY}、U_{CZ}，若 U_{BC}=|U_{BY}−U_{CZ}|，则首末端标记正确，若 U_{BC}=|U_{BY}+U_{CZ}|，则标记不对。须将 B、C 两相任一相线圈的首末端标记对调。然后用同样的方法定出 A 相首末端标记。

2. 测定原、副边极性

暂时标出三相低压线圈的标记 a、b、c、x、y、z，然后按照图 7.3.6 接线。原、副边中点用导线相连，高压三相线圈施加 50%的额定电压，测出电压 U_{AX}、U_{BY}、U_{CZ}、U_{ax}、U_{by}、U_{cz}、U_{Aa}、U_{Bb}、U_{Cc}。若 $U_{Aa}=U_{AX}-U_{ax}$，则 A 相高、低压线圈同柱，并且首端 A 与 a 点为同极性，若 $U_{Aa}=U_{AX}+U_{ax}$，则 A 与 a 端点为异极性。用同样的方法判别出 B、C 两相原、副边的极性。高、低压三相线圈的极性确定后，根据要求连接出不同的连接组。

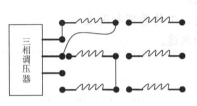 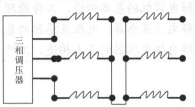

图 7.3.5　测定相间极性　　　　图 7.3.6　测定原、副边极性

三相变压器连接组的决定因素？

一、填空题

1. 三相变压器实际上就是由_____的单相变压器组合而成的，它有三个铁芯柱，每个铁芯柱都绕着同一相的_____个线圈，一个是_____线圈，其始端常用_____，末端用_____来表示；另一个是_____线圈，其始端、末端则分别用_____和_____来表示。

2. 根据三相电源和负载的不同，三相变压器初级和次级线圈可接成_____或_____。

3. 变压器的基本工作原理是_____原理。当交流电压加到一次侧绕组后交流电流流入该绕组就产生_____作用，在铁芯中产生_____的磁通，分别在两个绕组中引起_____。

4. 从理论可知，由于三相变压器的一、二次侧均为三相_____连接，则无论接成"Y"形还是"△"形，可以证明同一相的一、二次对应端的线电势的相位差总是"_____"的倍数。

二、简答题

1. 试根据三相变压器的用途，列举三相变压器的种类。
2. 简述三相变压器的工作原理。
3. 叙述三相变压器连接组别的确定方法。

*项目 4　特殊变压器的认识

　学习目标

1. 了解电焊机的基本构造、工作原理和用途。
2. 了解电流互感器、电压互感器的基本构造、工作原理和用途。
3. 了解自耦变压器的基本构造、工作原理和用途。

　工作任务

1. 电焊机的基本构造、工作原理和用途。
2. 电流互感器、电压互感器的基本构造、工作原理和用途。
3. 自耦变压器的基本构造、工作原理和用途。

第 1 步　认识电焊机

常用的电焊机如图 7.4.1 所示。

(a)　　　　　　　　　　　(b)

图 7.4.1　电焊机

🔍 链接

电焊机

焊条电弧焊所用焊机按电源的种类可分为交流弧焊机和直流弧焊机两大类。这里只介绍交流弧焊机。

（1）基本结构。电焊机的结构十分简单，说白了就是一个大功率的变压器，是降压变压器。目前应用最广泛的"动铁式"交流焊机如图 7.4.2 所示。它是一个结构特殊的降压变压器，属于动铁芯漏磁式类型。由绕组、铁芯、接线板、摇把组成。铁芯由两侧的静铁芯 5 和中间的动铁芯 4 组成，变压器的次级绕组分成两部分，一部分紧绕在初级绕组 1 的外部，另一部分绕在铁芯的另一侧。前一部分起建立电压的作用，后一部分相当于电感线圈。

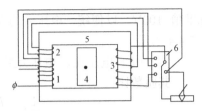

1—初级绕组；2、3—次级绕组；4—动铁芯；5—静铁芯；6—接线板

图 7.4.2　交流弧焊机的结构

（2）工作原理。引弧时，输出端在接通和断开时会产生较高的电压和较小的电流，巨大电压的变化，在正负两极瞬间短路时引燃电弧，当电弧稳定燃烧时，电流增大，而电压急剧降低，当焊条与工件短路时，电压也是急剧下降，同时也限制了短路电流。电焊机就是利用产生的电弧来熔化电焊条和焊材，冷却后来达到使它们结合的目的。

焊接电流调节分为粗调、细调两挡。电流的细调靠移动铁芯改变变压器的漏磁来实现。向外移动铁芯，磁阻增大，漏磁减小，则电流增大，反之，则电流减少。电流的粗调靠改变次级绕组的匝数来实现。

电焊机有自身的特点，就是具有电压急剧下降的特性。在焊条引燃后电压下降；在焊条被粘连短路时，电压也急剧下降，这种现象产生的原因，是电焊变压器的铁芯特性产生的。

（3）用途。电焊机有着灵活、简单、方便、牢固、可靠以及焊接后甚至与母材同等强度的优点，因而广泛应用于各个工业领域，如航空制造业、船舶工业、金属加工业、建筑工程等。

第2步　认识互感器

常见互感器如图 7.4.3 所示。

（a）电压互感器　　　　　　　　　　　　（b）电流互感器

图 7.4.3　互感器

链接

互感器

互感器是用于测量的专用变压器，采用互感器的目的是扩大测量仪表的量程，使测量仪表与大电流或高电压电路隔离，以保证安全。互感器包括电压互感器和电流互感器两种。

1. 电压互感器

（1）基本结构。电压互感器是一个将高电压变换为低电压的变压器（降压变压器），其副边额定电压一般设计为标准值 100V，以便统一电压表的表头规格。其工作原理与普通变压器空载运行时相似，如图 7.4.4 所示。

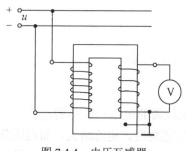

图 7.4.4 电压互感器

（2）电压比。电压互感器原、副绕组的电压比也是其匝数比：

$$\frac{U_1}{U_2} = \frac{N_1}{N_2} = K$$

若电压互感器和电压表固定配合使用，则从电压表上可直接读出高压线路的电压值。

（3）使用注意事项。电压互感器副边不允许短路，因为短路电流很大，会烧坏线圈，为此应在高压边将熔断器作为短路保护。

电压互感器的铁芯、金属外壳及副边的一端都必须接地，否则万一高、低压绕组间的绝缘损坏，低压绕组和测量仪表对地将出现高电压，这是非常危险的。

2．电流互感器

（1）基本结构。电流互感器是用来将大电流变换为小电流的特殊变压器，它的副边额定电流一般设计为标准值 5A，以便统一电流表的表头规格。其工作原理与普通变压器负载运行时相同，如图 7.4.5 所示。

（2）电流比。电流互感器的原、副绕组的电流比仍为匝数的反比，即：

$$\frac{I_1}{I_2} = \frac{N_2}{N_1} = \frac{1}{K}$$

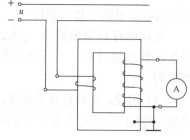

图 7.4.5 电流互感器

若安培表与专用的电流互感器配套使用，则安培表的刻度就可按大电流电路中的电流值标出。

（3）使用注意事项。

① 电流互感器的副边不允许开路。

② 副边电路中装仪表时，必须先使副绕组短路，并在副边电路中不允许安装保险丝等保护设备。

③ 电流互感副绕组的一端以及外壳、铁芯必须同时可靠接地。

■ 第 3 步　认识自耦变压器

常见自耦变压器如图 7.4.6 所示。

图 7.4.6 自耦变压器

链接

自耦变压器

1. 基本结构

自耦变压器是一种将电源电压升高或降低的一种电器设备。其构造如图 7.4.7 所示。在闭合的铁芯上只有一个绕组，它既是原绕组又是副绕组。低压绕组是高压绕组的一部分。当原线圈的匝数大于副线圈的匝数时，是一个降压自耦变压器；反之，是一个升压自耦变压器。

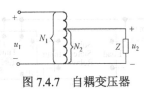

图 7.4.7　自耦变压器

2. 电压比、电流比

$$\frac{U_1}{U_2}=\frac{N_1}{N_2}=K \qquad \frac{I_1}{I_2}=\frac{N_2}{N_1}=\frac{1}{K}$$

3. 用途

调节电炉炉温、调节照明亮度、启动交流电动机，以及用于实验等。

拓展

电焊机的品种有交流手工弧焊机、氩弧焊机、直流焊机、二氧化碳保护焊机、埋弧焊机、对焊机、点焊机、高频直逢焊机、滚焊机、铝焊机、闪光压焊机、激光焊机等。不同焊机的用途如表 7.4.1 所示。

表 7.4.1　不同焊机的用途

电焊机	主要应用
交流手工弧焊机	焊接 2.5mm 上以钢板
氩弧焊机	焊接 2mm 以下的合金钢
直流焊机	焊接生铁和有色金属
二氧化碳保护焊机	焊接 2.5mm 以下的薄材料
埋弧焊机	焊接 H 钢、桥架等大型钢材
对焊机	以焊索链等环型材料为主
点焊机	以点焊方式将两块钢板焊接
高频直逢焊机	以焊接管子直逢（如水管等为主）
滚焊机	以滚动形式焊接罐底等
铝焊机	专门焊接铝材
闪光压焊机	以焊铜铝接头等材料
激光焊机	可以焊接三极管内部接线

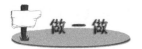

简易电焊机制作

1. 所需材料

小型 220V 电源变压器一个（300W 以上）、继电器一个、微动开关一个、铜棒两根。

2. 电路原理图

电路原理图如图 7.4.8 所示。

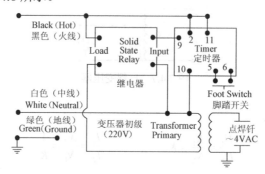

图 7.4.8 电路原理图

3. 制作方法

不用 220V 变压器原、次级线圈，另用长 2m 粗 0.5cm² 以上的电线在变压器上绕 6 匝做次级，并测量使得输出电压为 4V 即可，按图 7.4.8 接上继电器与微动开关，做好两电焊电极。

1. 互感器的铁芯和低压绕组的一端均要接地，为什么？
2. 自耦变压器的一次、二次侧能不能对调使用？
3. 简述电焊机的焊接步骤。

一、填空题

1. 电焊机具有电压_____的特性。在焊条引燃后电压_____；在焊条被粘连短路时，电压也急剧_____，这种现象产生的原因是电焊机的_____特性产生的。

2. 互感器是用于____的专用变压器，采用互感器的目的是____测量仪表的量程，使测量仪表与大电流或高电压电路____，以保证安全。互感器包括___互感器和___感器两种。

3. 电流互感器原绕组的匝数_____，要_____联接入被测电路，电压互感器原绕组的匝数_____，要_____联接入被测电路。

4. 电压互感器的铁芯、金属外壳及副边的一端都必须_____，否则万一高、低压绕组间的_____损坏，低压绕组和测量仪表对地将出现_____电压，这对工作是非常危险的。

5．电流互感器的原、副绕组的电流比为匝数的____；电流互感器的副边不允许___。电流互感副绕组的一端以及外壳、铁芯必须同时可靠_____。

6．自耦变压器的铁芯上只有_____个绕组。_____绕组是_____绕组的一部分。当原线圈的匝数大于副线圈的匝数时，是一个降压自耦变压器。

二、简答题

1．分析电焊机的工作原理。
2．分析电压互感器的原次级电压与电流之间的关系，并写出分析过程。
3．分析电流互感器的原次级电压与电流之间的关系，并写出分析过程。
4．分析自耦变压器的原次级电压与电流之间的关系，并写出分析过程。

三、计算题

一台容量为 30kVA 的自耦变压器，初级接在 220V 的交流电源上，初级匝数为 500 匝，如果要使次级的输出电压为 100V，求这时次级的匝数？满载时初、次级电路中的电流各是多大？

项目 5　特殊电动机的认识

1．了解三相绕线式异步电动机的基本结构与工作原理。
2．了解直流电动机的基本结构、类型和工作原理，掌握其使用方法。

1．三相绕线式异步电动机的基本结构与工作原理。
2．直流电动机的基本结构、类型和工作原理。

第 1 步　认识三相绕线式异步电动机

认识三相绕线式异步电动机，如图 7.5.1 所示。

图 7.5.1　三相绕线式异步电动机

> 🔗 **链接**

1. 三相绕线式异步电动机的基本结构

三相绕线式异步电动机的基本结构主要有两部分：定子和转子。

1）定子

定子是电动机的固定部分，由定子铁芯、定子绕组与机座三部分组成。

（1）定子铁芯。定子铁芯是电动机磁路的一部分，它是由表面涂有绝缘漆的 0.5mm 的硅钢片叠压而成的，片与片之间是绝缘的，以减少涡流损耗，定子铁芯的硅钢片的内圆冲有定子槽，如图 7.5.2 所示，槽中安放绕组，硅钢片铁芯在叠压后成为一个整体，固定于机座上。

（2）定子绕组。定子绕组是电动机的电路部分，由许多线圈连接而成，每个线圈有两个有效边，分别放在两个槽里。三相对称绕组可连接成星形或三角形，如图 7.5.3 所示。

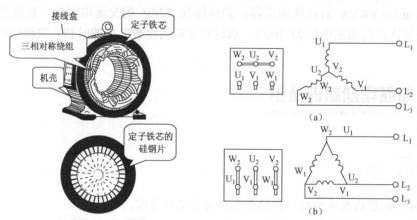

图 7.5.2　定子铁芯　　　　图 7.5.3　定子绕组

（3）机座。机座主要用于固定与支撑定子铁芯。中小型异步电动机一般采用铸铁机座，可根据不同的冷却方式采用不同的机座形式。

2）转子

转子是电动机的旋转部分，由转子铁芯和转子绕组组成。

（1）转子铁芯。转子铁芯压装在转轴上，由厚的硅钢片叠压而成的圆柱体，其外圆周冲有槽孔，以嵌置转子绕组。转子硅钢片冲片如图 7.5.4 所示，转子铁芯也是电动机磁路的一部分，转子铁芯、气隙与定子铁芯构成电动机的完整磁路。

（2）转子绕组。线绕式转子绕组与定子绕组一样，由线圈组成绕组放入转子铁芯槽里，转子绕组一般是连接成星形的三相绕组，转子绕组组成的磁极数与定子相同，绕线式转子通过轴上的滑环和电刷在转子回路中接入外加电阻，用以改善启动性能与调节转速如图 7.5.5 所示。

 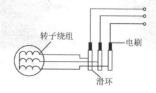

图 7.5.4　转子铁芯　　　　图 7.5.5　转子绕组

2. 三相绕线式异步电动机的工作原理

1) 旋转磁场的产生

定子三相绕组通入三相交流电即可产生旋转磁场。当三相电流不断地随时间变化时，所建立的合成磁场也不断地在空间旋转，如图 7.5.6 所示。

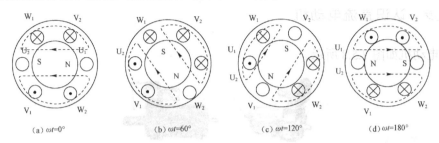

图 7.5.6 旋转磁场的产生

2) 旋转磁场的旋转方向

旋转磁场的旋转方向与三相电流的相序一致，任意调换两根电源进线，则旋转磁场反转。

3) 旋转磁场的极对数 p 与转速

若定子每相绕组由 p 个线圈串联，绕组的始端之间互差 $60°/p$，将形成 p 对磁极的旋转磁场。

旋转磁场的转速：

$$n_0 = \frac{60 f_1}{p} \text{（转/分）}$$

4) 工作原理

当定子接通三相电源后，即在定、转子之间的气隙内建立了一同步转速为 n_0 的旋转磁场。旋转磁场以同步转速 n_0 顺时针旋转时，相当于磁场不动，转子逆时针切割磁力线，根据电磁感应定律可知，在转子导体中将产生感应电势，其方向可由右手定则确定。因转子绕组是闭合的，导体中有电流，电流方向与电势相同。载流导体在磁场中要受到电磁力，其方向由左手定则确定，上半部分所受磁场力向右，下半部分所受磁场力向左，如图 7.5.7 所示。这样，在转子转轴上形成电磁转矩，使转子沿旋转磁场的方向以转速 n 旋转。

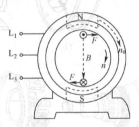

图 7.5.7 三相绕线式异步电动机的工作原理

5) 转差率

电动机总是以低于旋转磁场的转速转动。旋转磁场的同步转速和电动机转子转速之差与旋转磁场的同步转速之比称为转差率。用来描述转子转速与旋转磁场转速相差的程度。用 s 表示。

$$s = \left(\frac{n_0 - n}{n_0}\right) \times 100\% \qquad 0 < s \leqslant 1$$

启动瞬间：$s=1$；运行中：$s=(1\sim9)\%$。

转差率是异步电动机的一个重要参数。

■ 第 2 步　认识直流电动机

直流电动机如图 7.5.8 所示。

图 7.5.8　直流电动机

 链接

1. 直流电动机的基本结构

直流电动机的主要组成部分：①定子部分，主要用来产生磁通；②转子部分，通称电枢，将电能转变为机械能的枢纽。在定转子之间，有一定的间隙称为气隙，如图 7.5.9 所示。

1）定子部分

（1）主磁极。主磁极由磁极铁芯和励磁绕组组成。当励磁绕组中通入直流电流后，铁芯中即产生励磁磁通，并在气隙中建立励磁磁场。

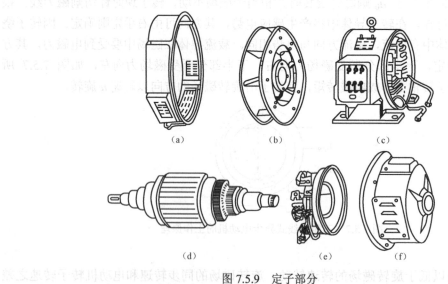

图 7.5.9　定子部分

（2）换向极。当换向极绕组通过直流电流后，它所产生的磁场对电枢磁场产生影响，目的是改善换向，使电刷与换向片之间火花减小。

（3）机座。机座的作用之一是把主磁极、换向极、端盖等部件固定起来，另一个作用是让励磁磁通通过,是主磁路的一部分。

(4)电刷装置。电刷的作用是将旋转的电枢与固定不动的外电路相连,把直流电压或直流电流引入或引出。

2)转子部分

(1)电枢铁芯。电枢铁芯是磁路的一部分,同时也要安放电枢绕组。

(2)电枢绕组。电枢绕组是直流电动机电路的主要部分,它的作用是产生感应电动势和流过电流而产生电磁转矩实现机电能量转换。

2. 直流电动机的工作原理

1)基本工作原理

图 7.5.10 是直流电动机的工作原理模型。电刷 A、B 两端加直流电压 U,在图示的位置,电流从电源的正极流出,经过电刷 A 与换向片 1 而流入电动机线圈,电流方向为 a-b-c-d,然后再经过换向片 2 与电刷 B 流回电源的负极。根据电磁力定律,线圈边 ab 与 cd 在磁场中分别受到电磁力的作用,其方向可用左手定则确定。此电磁力形成的电磁转矩,使电动机逆时针方向旋转。当线圈边 ab 转到 S 极面下、cd 转到 N 极面下时,流经线圈的电流方向必须改变,这样导体所受的电磁力方向才能不变,从而保持电动机沿着一个固定的方向旋转。

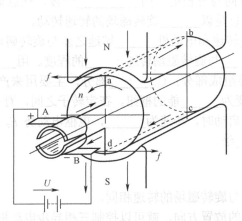

图 7.5.10 直流电动机的工作原理模型

如何才能使导体中的电流方向改变呢?这个任务将由换向器来完成。从图中可以看出,原来电刷 A 通过换向片 1 与经过 N 极面下的导体 ab 相连,现在电刷 A 通过换向片 2 与经过 N 极面下的导体 cd 相连;原来电刷 B 通过换向片 2 与经过 S 极面下的导体 cd 相连,现在电刷 B 通过换向片 1 与经过 S 极面下的导体 ab 相连。线圈中的电流方向改为 d-c-b-a,用左手定则判断电磁力和电磁转矩的方向未变,电枢仍逆时针方向旋转。

2)直流电动机的转速

$$n=(U-I_aR_a)/C_e\Phi$$

3)直流电动机的电枢电流

$$I_a=(U-E_a)/R_a$$

注意:电动机刚开始启动时,转速为 0,电枢电动势 E_a 为 0,所以启动电流很大,是额定电流的 10~20 倍。

1. 如何改变旋转磁场的方向。
2. 如何实现电动机的正反转。
3. 当直流电动机的额定功率较大时，如何解决启动电流大的问题？

一、填空题

1. 三相异步电动机的基本结构主要有两部分_____和_____。_____是电动机的固定部分，由_____、_____与_____三部分组成；_____是电动机的电路部分，由许多线圈连接而成；_____是电动机的旋转部分，由_____铁芯和_____绕组组成。
2. 三相异步电动机的定子绕组可连接成_____或_____。
3. 三相异步电动机的完整磁路由_____铁芯、_____与_____铁芯构成。
4. 当空间彼此相差120°的三个相同的线圈通入_____的三相交流电时，就能够产生与电流有相同_____的_____磁场。
5. 旋转磁场的旋转方向与三相电流的_____一致，任意调换两根电源进线，则旋转磁场_____。电动机总是以_____旋转磁场的转速转动。
6. 旋转磁场的_____转速和电动机_____转速之差与旋转磁场的_____转速之比称为转差率。用来描述转子_____与旋转磁场转速_____的程度。用_____表示。
7. 直流电动机的主要组成部分：①_____部分，主要用来产生_____；②_____部分，通称电枢，将电能转变为_____能的枢纽。在定转子之间，有一定的间隙称为_____。
8. 直流电动机刚开始启动时，转速为_____，电枢电动势 E_a 为_____，所以启动电流很大，是额定电流的_____倍。

二、判断题

1. 异步电动机的转速与旋转磁场的转速相同。
2. 只要改变旋转磁场的放置方向，就可以控制三相异步电动机的转向。

三、选择题

1. 下列说法正确的是（ ）。
   A. 变压器可以改变各种电源电压
   B. 变压器用作变换阻抗时，变压比等于初次级绕组阻抗的平方比
   C. 异步电动机的转速是与旋转磁场的转速相同的
   D. 只要改变旋转磁场的旋转方向，就可以控制三相异步电动机的转向
2. 要将三相异步电动机定子绕组接成星形，下面正确的是（ ）。

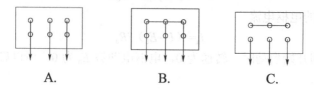

A.　　　　　　B.　　　　　　C.

四、计算题

1．一台额定电压为 380V 的异步电动机，在某一负载下运行时，测得输入功率为 4kW，线电流为 10A，问这时电动机的功率因数为多大？若这时测得输出功率为 3.2kW，问效率为多大？

2．有一台三相六极异步电动机，频率为 50Hz，铭牌电压为 380V/220V，若电源电压为 380V，试决定定子绕组的接法，并求旋转磁场的转速。

3．有一台三相八极异步电动机，频率为 50Hz，额定转差率为 4%，求电动机的转速是多大？

*学习领域 8　现代控制技术

*项目 1　认识可编程控制器

 学习目标

了解可编程控制器的基本原理与用途。

 工作任务

观察可编程控制器的外形，说出规格参数，指出可编程控制器的应用。

▮ 第 1 步　认识可编程控制器

PLC 即可编程控制器（Programmable Controller），如图 8.1.1 所示。PLC 硬件系统代替继电器控制盘，用程序代替硬件接线。通俗地说，PLC 是一种工业控制用的专用计算机，其原因是它与一般微机基本相同，也是由硬件系统和软件系统两大部分组成的。但它和一般计算机相比，具有功能更强的与工业过程相连接的输入输出接口、更适用于控制要求的编程语言及更适用于工业环境的抗干扰性能。

图 8.1.1　各类可编程控制器

> 链接

PLC 的基本组成

PLC 主要由中央处理单元（CPU）、存储器（RAM、ROM）、输入/输出单元 I/O、电源和编程器等几部分组成，其结构框图如图 8.1.2 所示。

1．中央处理单元（CPU）

CPU 完成 PLC 所进行的逻辑运算、数值计算、信号变换等任务，并发出管理、协调 PLC 各部分工作的控制信号。

2．存储器

根据程序的作用不同，PLC 的存储器分为系统程序存储器和用户程序存储器两种。

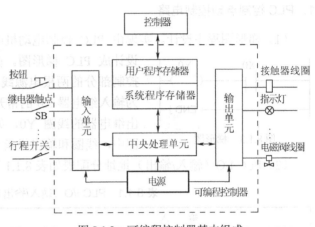

图 8.1.2　可编程控制器基本组成

系统程序存储器主要存储系统管理和监控程序，并对用户程序作编译处理，永久保留在 PLC 中，不因关机、停电及故障而改变其内容，即制造时已固化在硬件中。

用户程序存储器用来存放由编程器键盘或磁带输入的用户控制程序。用户控制程序是根据生产过程和工艺要求编制的程序，可通过编程器修改或增删。

3．输入/输出单元（I/O 单元）

输入/输出是 PLC 实现外部功能的唯一通道。输入单元接受来自用户设备的各种控制信号，如限位开关、操作按钮、外部设置数据等。而输出单元则是将 CPU 处理结果输出给受控部件，如指示灯、数码显示装置及继电器绕组等。总之，PLC 主要是通过输入/输出单元的外部接线实现对工业设备和控制过程的检测和控制，它既可检测到所需的信息，又可将处理结果传送给外部器件，驱动各种执行机构。

4．电源单元

PLC 的供电电源是一般市电，也有用直流 24V 供电的，PLC 对电源稳定度要求不高，一般允许电源电压额定值在 10%～15%的范围内波动。

目前 PLC 都采用开关电源，性能稳定、可靠。对数据存储器常采用锂电池作断电保护后备电源，锂电池的工作寿命大约为 5 年。

5．编程器

编程器是 PLC 的最重要外围设备。利用编程器将用户程序送入 PLC 的存储器，还可以用编程器检查程序。修改程序；利用编程器还可以监视 PLC 的工作状态。编程器一般可分简易型编程器和智能型编程器。小型 PLC 常用简易型编程器，大中型 PLC 多用智能型 CRT

编程器。除此以外，在个人计算机上添加适当的硬件接口和软件包，即可用个人计算机对 PLC 编程，利用微机作为编程器，可以直接编制并显示梯形图。

第 2 步 了解 PLC 简单的程序设计

1. PLC 控制点动控制电路

（1）梯形图程序设计。实现由 PLC 控制电动机的关键是将继电器控制电路部分合理地设计成 PLC 梯形图。在此例中只要将电动机点动控制线路的控制部分的两根电源线看成输入/输出母线，常开按钮 SB 改为输入继电器 X0 的常开触点，交流接触器 KM 的线圈改为输出继电器的线圈 Y0，如图 8.1.3 所示。特别要注意，在梯形图中，线圈和输出类指令必须与输出母线相连接。

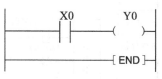

图 8.1.3 梯形图

（2）PLC I/O（输入/输出）地址分配表如表 8.1.1 所示。

表 8.1.1 PLC I/O（输入/输出）地址分配表

输 入		输 出	
外围设备	端口	外围设备	端口
SB 常开	X0	KM 线圈	Y0

（3）PLC 指令表：

```
0. LD    X0
1. OUT   Y0
2. END
```

（4）PLC I/O 端口接线图如图 8.1.4 所示。

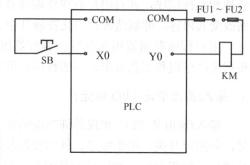

图 8.1.4 PLC I/O 端口接线图

2. PLC 的编程语言

目前 PLC 常用的编程语言有四种，梯形图编程语言、指令语句表编程语言、功能图编程语言、高级编程功能语言。

梯形图编程语言形象直观，类似电气控制系统中继电器控制电路图，逻辑关系明显。

（1）指令语句表编程语言虽然不如梯形图编程语言直观，但有键入方便的优点。

（2）功能图编程语言和高级编程语言需要比较多的硬件设备。

观察可编程控制器的外形，说出规格参数，指出可编程控制器的应用。

1. 生产生活中哪些设备、电器使用 PLC 控制？
2. PLC 控制系统与传统的继电器控制系统有何区别？

习题

1. 什么是可编程控制器？它的特点是什么？
2. PLC 由哪几部分组成？各有什么作用？

*项目 2　认识变频器

学习目标

了解变频器的基本原理和用途。

工作任务

认识变频器的外形，识读其规格及参数，指出变频器的应用。

变频器：把电压和频率固定不变的交流电变换为电压或频率可变的交流电的装置。为了产生可变的电压和频率，该设备首先要把三相或单相交流电变换为直流电（DC），然后再把直流电（DC）变换为三相或单相交流电（AC）。各类变频器的外形如图 8.2.1 所示。

图 8.2.1　各类变频器

变频器应用在电机（如空调等）、荧光灯等产品。

链接

1. 变频调速基本原理

异步电动机旋转磁场的转速 n_0 与供电电源频率 f_1、电机极对数 p 之间的关系为

$$n_0 = \frac{60 f_1}{p}$$

当改变电源供电频率 f_1 时，旋转磁场转速 n_0 也相应变化，从而带动转子转速 n 的变化。因为电源频率 f_1 是连续可调的，所以旋转磁场转速 n_0 以及转子转速 n 也将是连续变化的，因此说变频调速属于无级调速，有调速范围宽、调速平滑等特点。

2．通用变频器的基本结构和主要功能

变频器的基本结构如图 8.2.2 所示。

变频器分为交—交型和交—直—交型两种形式。

交—交型变频器可以将工频交流电直接变换成频率、电压均可调节的交流电，又称为直接式变频方式。

交—直—交型变频器则是先把工频交流电通过整流器变成直流电，然后再经过逆变电路把直流电变换成频率、电压均可调节的交流电，又称为间接式变频方式。

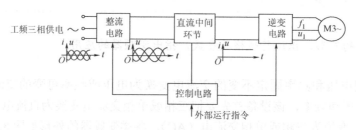

图 8.2.2　变频器的基本结构

（1）整流电路。整流电路的作用是对电网提供的交流电进行整流，使其变为单一方向的直流电。

（2）直流中间环节。这一环节的作用是对整流输出的脉动直流电进行平滑（即滤波），以减小电压、电流的波动。

（3）逆变电路。逆变电路是变频器的重要环节，作用是在控制电路的控制下将直流电转换为所需频率 f_1 和幅度 U_1 的交流电，以此来对异步电动机进行调速控制。

（4）控制电路。控制电路是变频器的核心。其主要作用是根据事先确定的变频控制方式与由外部获得的各种检测信息进行比较和运算，从而产生逆变电路所需要的各种驱动信号。

认识变频器的外形，识读其规格及参数，指出变频器的应用。

1．生产生活中哪些设备、电器使用变频器控制？
2．使用变频器对生产生活的意义？

习题

1. 什么是变频器？
2. 变频调速时，改变电源频率 f_1 的同时须控制电源电压 U_1，试说明其原因。
3. 变频器由几部分组成？各部分都具有什么功能？

*项目3 认识传感器

学习目标

了解传感器的基本原理与用途。

工作任务

认识传感器的种类，识读各类传感器规格及参数，了解传感器的应用。

传感器是"能感受规定的被测量并按照一定的规律转换成可用信号的器件或装置，通常由敏感元件和转换元件组成传感器"。它是一种检测装置，能感受到被测量的信息，并能将检测感受到的信息，按一定规律变换成为电信号或其他所需形式的信息输出，以满足信息的传输、处理、存储、显示、记录和控制等要求。它是实现自动检测和自动控制的首要环节。各类传感器的外形如图 8.3.1 所示。

图 8.3.1 各类传感器

1. 传感器及其作用

传感器：将一种信号变为另一种信号的器件。如机—电、热—电、声—电；或机—光、热—光、光—电。

传感器把被测的非电量转换为与之有确定关系的电量的装置，传感器是人类感官的延伸，是现代测控系统的关键环节。

2. 传感器的分类

传感器的分类方法很多，概括起来，主要有下面几种分类方法。

（1）按被测物理量来分类，可分为力敏传感器、热敏传感器、湿度传感器、气体传感器、磁传感器、光学传感器等，各种传感器的作用如图8.3.2所示。

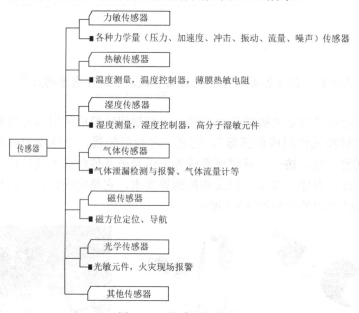

图 8.3.2　传感器的分类

（2）按传感器工作的物理原理来分类，可分为机械式、电气式、辐射式、流体式等。
（3）按信号变换特征来分类，可分为物性型和结构型。
（4）按传感器与被测量之间的关系来分类，可分为能量转换型和能量控制型。
（5）按传感器输出量的性质可分为模拟式和数字式。

使用常见的干簧管、光敏电阻、热敏电阻做元件特性检测实验。

实验中，每个实验现象是什么？这些元件有什么特性？

习题

1. 传感器作用：它是能够把易感受的力、温度、光、声、化学成分等＿＿＿＿＿＿按照一定的规律转换为容易进行测量、传输、处理和控制的电压、电流等＿＿＿＿＿＿，或转换为＿＿＿＿＿＿的一类元件。

2. 传感器按被测物理量来分类，可分为＿＿＿＿、＿＿＿＿＿、＿＿＿＿＿、＿＿＿＿＿、＿＿＿＿＿、＿＿＿＿＿等。

学习领域 9　相约电子实训室

项目 1　熟悉电子实训室

 学习目标

1. 了解电子实训室的规章制度、操作规程及安全用电的规则。
2. 了解实训室电源、仪表、控制开关的种类和位置等。

 工作任务

布置电子实训室，熟悉电子实训室规章制度。

▌第 1 步　认识电子实训室

观察学校电子实训室，了解电子实训室的基本布置。一边观察一边就以下几个方面的问题做记录：

（1）这里的设施有哪些是你熟悉的？哪些是你不熟悉的？
（2）你知道哪些设施的名称？哪些设施的名称你不知道？
（3）你了解哪些设施的功能？哪些设施的功能你不了解？

链接

电子实训室是学习电子知识和技能的场所，电子实训室通常配备电子实训工作台，电子测量仪器和仪表，在工作台上通常配备交流电源和直流电流及信号源，以使进行电子实训安装和调试。此外电子实训室还配备各种电子操作工具。

▌第 2 步　熟悉电子实训室规章制度

电子实训室是学校开展电子实践教学的重要场所，是帮助学生对所学专业建立感性认识，巩固专业理论知识，培养实际工作能力和专业技能的重要途径。为保证安全实训提高实训质量，同学们在操作过程中必须遵守电子实训室的管理制度，遵守安全操作规程等。

电子实训室规章制度包含电子实训室管理制度、电子实训室安全操作规程。

1．电子实训室管理制度

（1）学生在实习期间，必须遵守学校一切规章制度，服从实习指导教师的管理，听从安排，讲文明，讲礼貌。

（2）进入实习工场，必须保持安静，不大声喧哗，不随意走动，不随地吐痰，保持室内卫生，与本次实习内容无关的物品一律不得带入实习工场。

（3）严格执行安全操作规程，文明实习，穿戴好防护用品。

（4）实习时必须爱护实习工场的一切设施、设备、工具、量具、仪器、仪表，必须苦练基本功、钻研技术、节约能源、节约实习材料。实习中如遗失器具或其配件必须按价赔偿；如发生非正常损坏，应及时上报，除责令赔偿外，还必须作出书面检查。

（5）在实习期间不得做与本次实习课题无关的事，不得无故走出实习工场。

（6）每位参与实训的学生都必须随时注意安全，留心有无烧焦、烧糊气味或异常声响等情况，及时报告指导教师检查处理。

（7）每日实习结束后，学生必须按指导教师的要求及时做好实习工场的卫生和整理工作。安排有打扫任务的学生必须在完成任务后经教师检查认可，方可离开实习工场。

（8）遵守实习工场的劳动纪律，有事必须履行请假手续。对实习期间违纪情况按学校有关规定处理。

2．电子实训室安全操作规程

（1）学生在实习前，必须接受安全知识教育，考核合格后方可进行实习。

（2）实习期间，学生必须严格执行本专业的安全操作规程。

（3）认真学习入门指导，掌握电路或设备工作原理，明确实训目的、实训步骤和安全注意事项。

（4）学生分组实训前应认真检查本组仪器、设备及电子元器件状况，若发现缺损或异常现象，应立即报告指导教师处理。严格按照操作规程使用仪表，搬动仪器、仪表时，要求轻拿、轻放、放平摆稳。交接仪器时要当面试验其好坏。

（5）认真阅读实训报告，按工艺步骤和要求逐项逐步进行操作。不得私设实训内容，扩大实训范围（如乱拆元件、随意短接等）。

（6）学生在实训过程中是所用实训设备的当堂责任人，人为损坏或丢失的将追究其直接责任。

（7）焊接过程中所用的烙铁、热风枪等发热工具不能随意摆放，以免发生烫伤或酿成火灾。对三极管、集成电路进行焊接时，要严格控制焊接时间，防止烫坏元件；对CMOS电路进行焊接时，焊铁头应进行接地处理，以防感应电损坏元件。

（8）拆焊操作时，热风枪温度不能过高，不用时立即关闭或调低温度待用。

（9）调节仪器旋钮时，力量要适度，严禁野蛮操作。

（10）测量电路元件电阻值时，须断开被测电路电源。

（11）使用万用表、毫伏表、示波器、信号源等仪器连接测量电路时，应先接上接地线端，再接上电路的被测点线端；测量完毕拆线时则先拆下电路被测点线端，再拆下接地线端。

（12）使用万用表、毫伏表测量未知电压，应先选最大量程挡进行测试，再逐渐下降到合适的量程挡。

（13）用万用表测量电压和电流时，不能带电转动转换开关。

（14）万用表使用完毕，应将转换开关旋至空挡或交流电压最高挡位。

（15）毫伏表在通电前或测量完毕时，量程开关应转至最高挡位。

（16）给直流供电设备接电源时，应把直流电源电压旋钮调到最低处，接好电源后再把电源开关打开，并调电压至额定值。

（17）示波器显示波形时，亮度应控制在合适位置，中途暂时不用时应调低亮度。

（18）彩色电视机要经隔离变压器供电后，才能与仪器连接或进行测量。

（19）实训中途断电，应立刻关掉仪器开关，等候指导教师安排。

（20）电器保险丝被熔断是电路电流过大的保护性反映，应在教师指导下更换相同规格的保险丝，不得私自更换或换用额定电流值更大的保险丝，更不能用铝、铜等其他金属丝代替，以免电器失去保护，甚至引发火灾。

（21）实训结束，应先关仪器电源开关，再拔下电源插头，避免仪器受损。

（22）不得私自打开实训室内柜门拿取器材，不准剪下仪器引线及接线夹，不准将实训器材带出室外，违者必究。

（23）出现异常情况，应立即切断电源，保护现场，防止故障扩大，并及时报告指导教师和值班人员。因违反操作规程而损坏仪器设备，应照价赔偿。

（24）实验完毕，整理工作台面，清点工具、仪器及附件；离开前，应关闸断电，将桌椅归位。

第3步　熟悉电子实训室操作台

电子实训操作台没有统一标准，学生在教师的指导下熟悉本校实训操作台。

使用操作台

按照本校实际操作台，打开电源，熟悉总电源、插座、开关的位置，输出直流电源电压等。

1. 在实习中应怎样遵守电子实训室规章制度。
2. 电子实训室中的各种仪器设备操作注意事项。

1. 请说出本校实训操作台的使用方法。
2. 请说出电子实训室的安全操作规程。

项目 2　电子基本技能操作

学习目标

1. 认识并会使用电烙铁。
2. 认识常用电子仪器仪表。
3. 会使用常用仪器仪表。

工作任务

1. 手工焊接。
2. 使用仪器仪表。

▎第 1 步　掌握手工焊接

在电子工业中，焊接技术应用极为广泛，因此，我们应熟悉焊接工具、焊料、焊剂、焊接工艺及质量标准，掌握手工焊接技术。

焊接工具主要包括电烙铁、烙铁架等一些常见的工具，配套用的还有一些钳子、起子等，如图 9.2.1 所示。

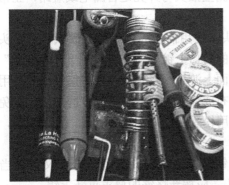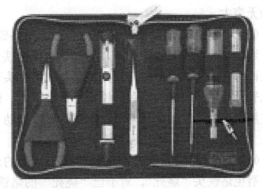

图 9.2.1　焊接工具

链接

1. 焊接工具

1）电烙铁的结构

电烙铁是手工焊接的主要工具，由于用途、焊接对象不同，有各式各样的烙铁。按加热方式分，有直热式、感应式。最常用的是直热式电烙铁，它又可分为内热式和外热式两种。

图 9.2.2（a）所示为直热式电烙铁结构，主要由以下几部分组成。

（1）加热元件：它是将镍铬发热电阻丝缠在云母、陶瓷等耐热、绝缘材料上构成的。

（2）烙铁头：一般用紫铜制成，根据不同的焊接对象加工成各种形状，如图 9.2.2（b）所示。在使用中因高温氧化和焊剂腐蚀会变得凹凸不平，需要经常清理和修整。

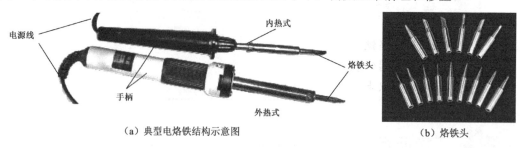

图 9.2.2 典型电烙铁

（3）手柄：一般用木料或胶木制成。

（4）接线柱：这是发热元件与电源线的连接处。必须注意：一般烙铁有三个接线柱，其中一个是接金属外壳的，接线时应用三芯线将外壳保护接零线。

2）电烙铁的选用

在科研、生产、实验、仪器维修过程中，可根据不同的用途和焊接对象选择不同的电烙铁。电子实训时一般采用 35W 电烙铁。

3）电烙铁的使用与保养

（1）检测：使用前，应用万用表测量电烙铁插头两端是否短路或开路，正常时内热式电烙铁的阻值为 0.5～2kΩ（烙铁芯的电阻值）。再测量插头与外壳是否漏电或短路，正常时应为无穷大。

（2）"吃锡"：烙铁头表面氧化严重或新烙铁头，使用前应先用锉刀或砂纸将烙铁头磨平，通电加热后涂上少许松香，并吃锡，使烙铁头的刃口上镀上一层锡。对于"长寿命"烙铁头而言，由于它是一种合金烙铁头，在烙铁头表面上渡有一层合金，使得烙铁头的使用寿命比普通烙铁长得多。这种烙铁头不得用砂纸、砂布或锉刀对烙铁头进行打磨加工，以免破坏镀层，缩短烙铁的使用寿命。上锡时可以借助于用松香或助焊剂进行上锡。在使用时，烙铁头上如有脏物，只能用浸水海棉或湿布擦拭。

（3）在使用间隔中，电烙铁应搁在金属的烙铁架上，这样既保证安全，又可适当散热，避免烙铁头"烧死"。对于已"烧死"的烙铁头，应按新烙铁的要求重新上锡。

（4）烙铁头使用较长时间后会出现豁口，应及时用锉刀修整，否则会影响焊点质量。对经多次修整已较短的烙铁头，应及时调换，否则将会使烙铁头温度过高。

（5）在使用过程中，电烙铁应避免敲打碰跌，因为在高温时的震动，最易使烙铁芯损坏。

2．焊料、助焊剂

常用的焊料是焊锡，焊锡是一种锡铅合金，如图 9.2.3 所示。锡的熔点是 232℃，铅为 237℃，锡铅按 6：4 的比例制成焊锡，其熔点只有 190℃左右，焊接起来很方便。锡铅合金的特性优于锡铅本身，机械强度高，表面张力小，黏度下降，从而增大了流动性，提高了抗氧化能力。常用的焊锡丝有两种，一种是将焊锡做成管状，管内有松香，称为松香焊锡丝，使用这种焊锡丝焊接时可不加助焊剂。另一种是无松香的焊锡，焊接时要加助焊剂。

图 9.2.3　锡铅合金焊料

助焊剂主要是清除焊接元器件，印刷板铜箔以及焊锡表面的氧化物、改善液态焊锡对被焊金属表面的润湿度。

3. 焊接工艺

图 9.2.4 为手工焊接操作图。手工锡焊接技术是一项基本功，就是在大规模生产的情况下，维护和维修也必须使用手工焊接。因此，必须通过学习和实践操作练习才能熟练掌握。

图 9.2.4　手工焊接操作图

1) 手握烙铁的姿势

焊接时，一手拿烙铁，一手拿焊锡丝。焊锡丝的拿法如图 9.2.5 所示。

手握烙铁的手柄，决不能握在金属部分。电烙铁的握法一般有两种，对于小功率电烙铁的握法是"握笔式"，就像用手握笔一样。这种握法对于电子线路的焊接，使用功率比较小的烙铁，并且烙铁头都是直型，常用这种握法。对于大功率的烙铁，比较大，也较重，所以采用"拳握法"，就像握拳头一样，握住烙铁柄，如图 9.2.6 所示。

　　图 9.2.5　焊锡丝的拿法　　　　　　　图 9.2.6　电烙铁的握法

2) 焊接操作步骤

通常采用如图 9.2.7 所示的五步法焊接。

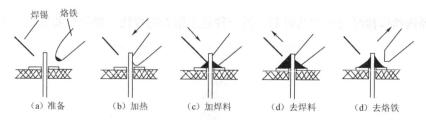

图 9.2.7 五步法焊接

(1) 准备。准备好被焊工件,烙铁加温到工作温度并吃好锡,一手握好烙铁,一手抓好焊料(通常是焊锡丝),烙铁与焊锡丝分居于被焊工件两侧。

(2) 加热。烙铁头均匀接触被焊工件,包括工件引脚和焊盘。不要施加压力或随意拖动烙铁。

(3) 加焊锡。当工件被焊部位升温到焊接温度时,送上焊锡丝并与工件焊点部位接触,熔溶、润湿。送锡要适量。

(4) 移去焊料。熔入适量焊料(当焊锡铺满焊孔)后,迅速移去焊锡丝。

(5) 移开烙铁。当焊锡完全润湿焊点后,迅速移开烙铁,注意移开烙铁的方向应该是 45°左右。

对一般焊点而言,焊接时间在 3s 左右,对于小元件和集成电路引脚的焊接时间甚至更短。这需要在装配实践中熟练掌握和细心体会其操作要领,达到熟能生巧。

3) 对锡焊质量的要求和检查

焊点是电子产品中各元件连接的基础,焊点质量出现问题,可导致设备故障,一个虚焊的焊点会给设备造成故障隐患。因此高质量的焊点必须满足可靠的电气连接、足够的机械强度、光洁整齐的外观、焊点无毛刺、空隙等基本要求。

焊接结束后,针对上述基本要求进行焊接点的外观检查和板面清理。清除电路板上不干的污物和有害残留物,及时发现问题,进行补焊。

1. 拆装内热式、外热式电烙铁,分别找出加热元件、烙铁头、手柄、接线柱等。
2. 对烙铁头进行"吃锡"处理。
3. 焊接训练:
在万能板上进行焊接训练(焊接电阻、电容、晶体管、集成电路等)。

拓展

其他几种常用电烙铁。

1. 调温电烙铁

图 9.2.8 所示为调温电烙铁。普通的内热式烙铁的烙铁头的温度是不能改变的。调温电烙铁则不同,它的功率最大是 60W,温度调节范围一般为 100~400℃。配用的烙铁头为长寿头。

2. 恒温电烙铁

图 9.2.9 所示为恒温电烙铁。由于恒温电烙铁头内，装有带磁铁式的温度控制器，控制通电时间而实现温控，即给电烙铁通电时，烙铁的温度上升，当达到预定的温度时，因强磁体传感器达到了居里点而磁性消失，从而使磁芯触点断开，这时便停止向电烙铁供电；当温度低于强磁体传感器的居里点时，强磁体便恢复磁性，并吸动磁芯开关中的永久磁铁，使控制开关的触点接通，继续向电烙铁供电。如此循环往复，便达到了控制温度的目的。

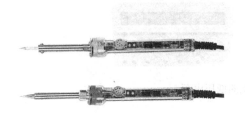

图9.2.8　调温电烙铁

图9.2.9　恒温电烙铁

3. 吸锡电烙铁

吸锡电烙铁是将活塞式吸锡器与电烙铁融为一体的拆焊工具，如图 9.2.10 所示。它具有使用方便、灵活、适用范围宽等特点。这种吸锡电烙铁的不足之处是每次只能对一个焊点进行拆焊。

图 9.2.10　吸锡电烙铁

 习题

1．我们训练时使用的电烙铁属于_____电烙铁，这种电烙铁一般有_____、_____、_____、_____等组成。焊接时采用了_____握法。

2．手工焊接一般按照准备、_____、_____、_____、_____五个步骤操作。

3．在烙铁头"烧死"的情况下继续焊接，焊点质量_____（能/不能）保证。

4．通过反复训练，你的焊点是_____，_____（达到/没有达到）焊接要求。

5．焊接时发现烙铁头上脏或者"吃锡"过多，应该用_____清洁，如果试图通过敲打烙铁头来清洁，很容易损坏_____。

第 2 步　使用常用仪器仪表

在电工电子岗位中，经常会用到各类电子仪器，用来测量数据、观察波形或给电子仪器提供各种电信号。那么到底有哪些常用仪器仪表呢，下面我们就一起来认识一下吧。

（1）常见的低压电源如图 9.2.11 所示。

图 9.2.11　常见的低压电源

（2）常见的信号发生器如图 9.2.12 所示。

 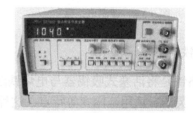

图 9.2.12　常见的信号发生器

（3）常见的示波器如图 9.2.13 所示。

 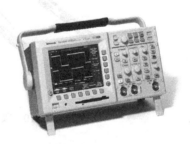

图 9.2.13　常见的示波器

（4）常见的毫伏表如图 9.2.14 所示。

图 9.2.14　常见的毫伏表

🔍 链接

1．稳压电源

稳压电源主要是用来提供多种低压直流电源的仪器，型号虽然很多，但其使用方法大同小异。

2．信号发生器

电子产品调试时，有时需产生一定幅度和频率的信号，这就需要信号发生器来完成。信号发生器按信号波形可分为正弦信号发生器、函数信号发生器、脉冲信号发生器、随机信号发生器。其中正弦信号发生器和函数信号发生器应用较多。

YB1639 函数信号发生器是由晶体管构成的小型函数信号发生器，能产生 0.2Hz～2MHz 的正弦波、方波、三角波等信号。

3．示波器

示波器是一种用途十分广泛的电子测量仪器，主要用于观察电压（电流）的波形，也可以测量电压、频率、相位等参数，它能把肉眼看不到的电信号变换成看得见的图像，便于人们研究各种电现象的变化过程。

示波器分为数字示波器和模拟示波器。模拟示波器的显示器件是阴极射线管，它是利用电子枪发射的电子经聚焦形成电子束，并打在屏幕中心的一点上。屏幕的内表面涂有荧光物质，这样电子束打中的点就发出光来。电子在从电子枪到屏幕的途中要经过偏转系统。在偏转系统上施加电压就可以使光点在屏幕上移动。 而数字示波器则是数据采集、A/D 转换、软件编程等一系列的技术制造出来的高性能示波器。数字示波器一般支持多级菜单，能提供给用户多种选择，多种分析功能。还有一些示波器可以提供存储，实现对波形的保存和处理。

4．毫伏表

电子电压表种类型号繁多，根据测量信号频率的不同可分为低频、高频和超高频毫伏表。其中 DA-16 型晶体管毫伏表是一种常用的低频电子电压表，具有较好的灵敏度、稳定度。

1．熟悉常用仪器仪表各旋钮位置与作用

（1）观察直流稳压电源各旋钮的位置，熟悉各旋钮的功能与使用方法。
（2）观察信号发生器各旋钮的位置，熟悉各旋钮的功能与使用方法。
（3）观察示波器各旋钮的位置，熟悉各旋钮的功能与使用方法。
（4）观察晶体管毫伏表各旋钮的位置，熟悉各旋钮的功能与使用方法。

2. 测试内容

(1) 调节函数发生器,使正弦波信号的幅值和频率按表 9.2.1 输出,并用毫伏表测出对应的电压值,并将结果填入表 9.2.1 中。

表 9.2.1 测试记录表

正弦波信号		函数发生器面板上各旋钮的位置				毫伏表测量
f(Hz)	幅值(V)	频率粗调	频率表指示	衰减按键	输出电压读数	
250	2					
1k	0.2					
10k	0.02					

(2) 用示波器测量示波器本身提供的标准信号的峰峰值和频率的大小,并将结果记入表 9.2.2 中。

表 9.2.2 测试记录表

垂直衰减选择钮	扫描时间选择钮	×10 MAG	VARIABLE	示波器显示波形

(3) 调节函数发生器,使信号的幅值和频率按表 9.2.3 输出,用示波器测出对应的波形,并将结果填入表 9.2.3 中。

表 9.2.3 测试记录表

调试信号			函数发生器面板上各旋钮的位置		示波器面板上各旋钮的位置				示波器显示波形
波形	F(Hz)	幅值(V)	输出电压读数	输出频率读数	垂直衰减选择	扫描时间选择	×10 MAG	VARIABLE	
正弦波	250	2							
	1k	0.2							
三角波	5k	1							

(4) 测量直流稳压电源的纹波系数。调节电源至 3V、6V、9V(用万用表测试其准确性),用毫伏表分别测出其对应纹波电压,计算出纹波系数,并计入表 9.2.4 中。

表 9.2.4　测试记录表

直流输出	纹波电压	纹波系数
3V		
6V		
9V		
12V		

1. 输出电压可以用示波器来测量吗？
2. 焊接一个好的焊点应该注意哪些问题？

1. 焊接五步法是哪五步？
2. 使用毫伏表应注意哪些问题？
3. 用示波器怎样测量频率？
4. 写出电烙铁的组成及各部分的作用。
5. 写出五步法焊接步骤。

学习领域 10　晶体二极管及其应用

项目 1　整流电路的制作与测量

 学习目标

1. 了解二极管的结构、符号、特性、主要参数等。
2. 了解稳压管、发光二极管、光电二极管等典型二极管的功能和实际应用。
3. 会判别二极管的极性和好坏。
4. 会搭接桥式整流电路。
5. 能识读整流电路,了解整流电路的作用及工作原理。
6. 会观察整流电路输出电压的波形,会合理选用整流电路元件的参数。

 工作任务

1. 认识二极管。
2. 测试二极管的单向导电性。
3. 判断二极管的极性与好坏。
4. 整流电路的制作与调试。

■ 第 1 步　认识二极管

图 10.1.1 所示是几种常见二极管的实物外形,从图中我们可以初步得出普通二极管的共性特征:具有两个引脚。这两个引脚实际上就是二极管的正负电极,它的(普通二极管)图形符号如图 10.1.2 所示,文字符号一般用"V"表示,有时为了和三极管区别,也可以用"VD"、"D"表示。

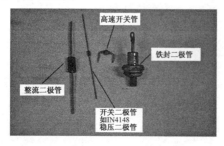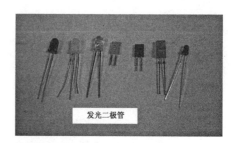

图 10.1.1　几种常见的二极管实物外形

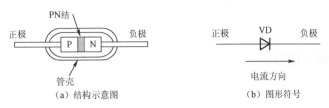

(a) 结构示意图　　　　　(b) 图形符号

图 10.1.2　普通二极管的结构与符号

观察图 10.1.3 中均有相同元器件构成，仅仅是二极管 D 的方向发生了变化，那么二极管方向的改变对灯泡的亮灭有什么影响呢？我们就一起来做一做吧。

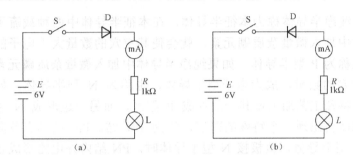

图 10.1.3　二极管单向导电性的测试

（1）按照图 10.1.3（a）连接电路，经复查确定连接正确后通电检测。

（2）调节直流稳压电源，使输出电压为 6V，对照表 10.1.1 测试相关数据并记录。

（3）将已连电路中二极管极性对调，即可得到图 10.1.3（b）所示电路，对照表 10.1.1 测试相关数据并记录。

表 10.1.1　测试记录表

记　录	电流表读数（mA）	电阻两端的电压（V）	二极管两端的电压（V）	灯泡亮灭
图 10.1.3（a）二极管正向连接				
图 10.1.3（b）二极管反向连接				

1．从前面的测试结果，可以说明：当二极管 D 两端加正向电压时，灯泡就会发光，此时二极管必将_____（导通/截止），相当于开关的_____（闭合/断开）；当二极管 D 两端加反向电压时，灯泡就会熄灭，二极管必将_____（导通/截止），相当于开关的_____（闭合/断开）。

2．标出二极管的正负极。

3．正向导通时，普通二极管 D 的正向压降约为_____V（注意硅管和锗管的区别），二极管_____（具有/不具有）单向导电性。

> 链接

半导体与半导体二极管

1. 半导体

半导体是一种具有特殊性质的物质，它不像导体一样能够完全导电，又不像绝缘体那样不能导电，它介于两者之间，所以称为半导体。在半导体中存在两种导电的带电物质：一种是带有负电的自由电子（简称电子），另一种是带有正电的空穴（简称空穴），它们在外电场作用下都有定向移动的效应，能够运载电荷而形成电流，称为载流子。硅和锗是目前最常用的半导体材料。

2. 半导体二极管

不加杂质的纯净半导体称为本征半导体，在本征半导体中两种载流子的数量相等。如果纯净半导体中加入微量杂质硼元素，就会使其空穴的数量大于电子的数量，成为空穴型半导体，也称为 P 型半导体。如果纯净半导体中加入微量杂质磷元素，就会使其电子的数量大于空穴的数量，成为电子型半导体，也称为 N 型半导体。如果在半导体的单晶基片上通过特殊工艺加工使其一边形成 P 型区，而另一边形成 N 型区，则在两种半导体的结合部就会出现一个特殊的薄层，称为 PN 结。PN 结具有单向导电性，即如果电源正极接 P 型半导体，负极接 N 型半导体时，PN 结内外电路形成正向电流，这种现象称为 PN 结的正向导通；如果电源的正负电极反过来，即电源正极接 N 型半导体，负极接 P 型半导体时，PN 结内外电路只能形成极小的反向电流，这种现象称为 PN 结的反向截止。

半导体二极管就是利用 PN 结的单向导电性制造的一种半导体器件，它是由管芯（主要是 PN 结，从 P 区和 N 区分别焊出的两根金属引线——正、负极）、塑料、玻璃或金属封装的外壳组成的，图 10.1.4 所示为常见二极管的结构示意图。

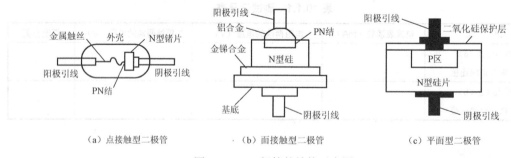

(a) 点接触型二极管　　(b) 面接触型二极管　　(c) 平面型二极管

图 10.1.4　二极管的结构示意图

3. 二极管的伏安特性曲线

二极管的伏安特性曲线是指加在二极管两端的电压 V_D 与流过二极管的电流 i_D 的关系曲线。利用晶体管图示仪能十分方便地测出二极管的正、反向伏安特性曲线，如图 10.1.5 所示。

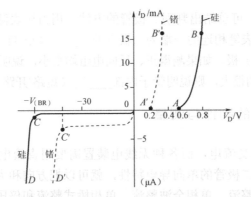

图 10.1.5 二极管的伏安特性曲线

■ 第 2 步　判断二极管的极性

1．有标记二极管的判别

普通二极管：一般把极性标示在二极管的外壳上，并用一个不同颜色的环来表示负极，有的直接标上"—"号。

2．无标记普通二极管的判别

（1）将万用表拨到 R×100 或 R×1k 阻挡，并调零。

（2）按图 10.1.6（a）所示测量二极管，此时二极管的电阻 $R_D=$_____。

（3）将万用表表笔对调，按图 10.1.6（b）所示测量二极管，此时二极管的电阻 $R_D'=$_____。

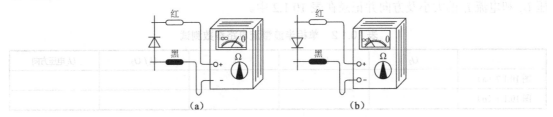

图 10.1.6　万用表检测二极管

1．因为万用表 R×1 电阻挡电流较_____（小/大），R×10k 挡电压较_____（低/高），所以在测量普通二极管时一般不用该挡位。

2．根据二极管的单向导电性，我们能分析出二极管具有正向电阻_____（小/大），反向电阻_____（小/大）的特点。

3．通过前面的测试，可总结出判别二极管的方法：用万用表测量二极管正、反两个阻值，阻值小的一次，与黑表笔相连的一端为二极管的_____（正/负）极，红表笔相连的一端为二极管的_____（正/负）极。如果测得正、反向电阻均很小，说明管子内部_____（短路/开路）；若正、反向电阻均很大，则说明管子内部_____（短路/开路）。

第3步　整流电路的制作与测量

电力网供给用户的是交流电，而各种无线电装置需要用直流电。整流，就是把交流电变为直流电的过程。利用二极管的单向导电特性，就可以把方向和大小交变的电流变换为直流电。常用的有单相半波整流、单相全波整流、单相桥式整流和倍压整流等。

观察图 10.1.7 所示电路，变压器是输出电压 U_2 为 6V 的降压变压器，负载电阻 R 为 1kΩ，整流二极管为 1N4007，图 10.1.7（a）、(b) 中仅仅对调了二极管的极性。

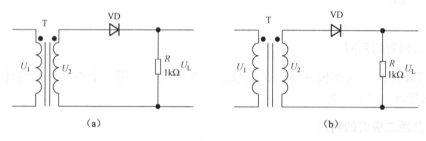

图 10.1.7　单相半波整流电路

（1）按图 10.1.7（a）连接电路，经复查确定电路连接正确后通电检测。

（2）用万用表分别测出输出电压 U_L 和电流 I_L 的大小及方向并记录在表 10.1.2 中。

（3）将本电路中二极管 VD 反接 [即图 10.1.7（b）所示]，并用同样的方法测出输出电压 U_L 和电流 I_L 的大小及方向并记录在表 10.1.2 中。

表 10.1.2　单相半波整流电路参数测试

	U_2	U_L	I_L	U_L/U_2	U_L电压方向
图 10.1.7(a)					
图 10.1.7(b)					

所谓"整流"，就是指把_____（双向/单向）交流电变为_____（双向/单向）脉动直流电。该电路仅利用了电源电压的_____（半个/一个）波，故称为半波整流电路。若在电路中改变二极管的接法，输出波形_____（会/不会）发生变化，即输出电压的极性_____（会/不会）发生变化，U_L=_____U_2。

链接

单相半波整流电路的工作原理

通过前面的电路制作和测试,我们初步了解了半波整流电路输出电压与输入电压波形、大小之间的关系,下面从理论上分析二极管是怎样整流的。

在图 10.1.8 所示参考方向下,U_2 为正半周时(A 端为正、B 端为负,A 端电位高于 B 端电位),二极管加正向电压导通,电流 i_D 自 A 端经二极管 VD 自上而下地流过负载 R_L 到 B 端。因为二极管正向压降很小,可认为负载两端电压 U_L 与 U_2 几乎相等,即 $U_L=U_2$。

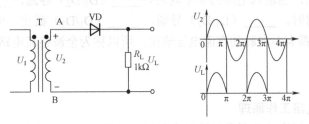

图 10.1.8 单相半波整流电路

U_2 为负半周时(A 端为负、B 端为正,A 端电位低于 B 端电位),二极管加反向电压截止,电流 $i_D=0$,负载 U_L 上的电流 $i_L=0$,负载 R_L 上的电压 $U_L=0$。

在交流电压 U_2 工作的整个周期内,R_L 上只有自上而下的单方向电流,实现了半波整流。

半波整流电路的输出电压 U_L 只有输入电压 U_2 的一半,电源利用率低,输出电压的脉动大,在实际应用中没有实用价值。通过下面两个单元的制作我们即可学习到如何将输入电压的整个周期都得到充分利用的整流电路。

单相全波整流电路制作

图 10.1.9 所示电路,T 是中心抽头的双输出电压 6V 的降压变压器,负载电阻 R 为 1kΩ,整流二极管 D 为 1N4007。

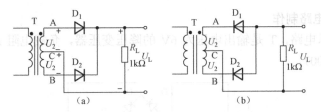

图 10.1.9 单相全波整流电路

(1) 按图 10.1.9(a)连接电路,经复查确定电路连接正确后再通电检测。
(2) 用万用表分别测出输出电压 U_L 和电流 I_L 的大小及方向并记录在表 10.1.3 中。
(3) 将二极管 D_1、D_2 同时反接[如图 10.1.9(b)所示],并用同样的方法测出输出电压 U_L 和电流 I_L 的大小及方向并记录在表 10.1.3 中。

表 10.1.3　单相全波整流电路参数测试

	U_2	U_L	I_L	U_L/U_2	U_L电压方向
图 10.1.9（a）					
图 10.1.9（b）					

从前面测量可知，当输入电压为正半周时，____（D_1/D_2）导通，____（D_1/D_2）截止；当输入电压为负半周时，____（D_1/D_2）导通，____（D_1/D_2）截止。电路在交流电的整个周期内，负载 R_L 上都有单向脉动直流电压输出，所以称为全波整流电路，U_L=____U_2。

链接

单相全波整流电路工作原理

通过前面的电路制作以及利用示波器进行波形观察，我们看到了全波整流电路的输出波形 U_L，那么其形成原因是怎样的呢，同样我们通过学习其工作原理即可了解其形成原因。

在图 10.1.10 所示参考方向下，U_2 为正半周时，A 端为正、B 端为负，A 端电位高于中心抽头 C 端电位，且 C 处电位又高于 B 端电位，二极管 D_1 加正向电压导通，D_2 加反向电压截止，电流 i_{D1} 自 A 端经二极管 D_1 自上而下的流过负载 R_L 到变压器中心抽头 C 端。因为二极管 D_1 的正向压降很小，可以认为负载两端电压 U_L 与 U_2 几乎相等，即 $U_L=U_2$。

U_2 为负半周时，A 端为负、B 端为正，B 端电位高于中心抽头 C 端电位，且 C 处电位又高于 A 端电位，二极管 D_1 加反向电压截止，D_2 加正向电压导通，电流 i_{D2} 自 B 端经二极管 D_2 也自上而下的流过负载 R_L 到变压器中心抽头 C 端，因为二极管 D_2 的正向压降很小，可以认为负载两端电压 U_L 与 U_2 几乎相等，即 $U_L=U_2$。

在交流电压 U_2 工作的整个周期内，i_{D1} 和 i_{D2} 叠加形成全波脉动直流电流 i_L，在 R_L 上只有自上而下的单方向电流 i_L，在 R_L 两端得到全波脉动直流电压 U_L，实现了全波整流。

单相桥式整流电路制作

图 10.1.10 所示电路，T 是输出电压为 6V 的降压变压器，负载电阻 R_L 为 1kΩ，4 个整流二极管 D 为 1N4007。

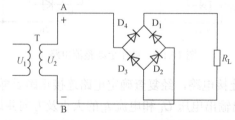

图 10.1.10　单相桥式整流电路

（1）按图 10.1.10 连接电路，经复查确定电路连接正确后再通电检测。
（2）用万用表分别测出输出电压 U_L 和电流 I_L 的大小及方向并记录在表 10.1.4 中。

(3) 断开二极管 D_2，用同样的方法测出输出电压 U_L 和电流 I_L 并记录在表 10.1.4 中。

(4) 将所有二极管同时反接，用同样的方法测出输入输出电压波形、输出电压 U_L 和电流 I_L 并记录在表 10.1.4 中。

表 10.1.4　单相桥式整流电路参数测试

	U_2	U_L	I_L	U_L/U_2	U_L电压方向
正常情况下					
断开二极管 D_2					
所有二极管反接					

1. 按图 10.1.10 所示连接电路时，输入电压 U_2 是_____（双向正弦交流/单向全波）的波形，通过整流后，输出电压 U_L 变成了_____（双向正弦交流/单向全波）的波形，U_L=_____U_2。

2. 当断开二极管 D_2 后，输出电压 U_L 变成了_____（单向半波/单向全波），U_L=_____U_2，原因是电路由_____（桥式/半波）整流电路变为_____（桥式/半波）整流电路。

3. 当将所有二极管同时反接后，与没有反接前的输出电压波形比较，它们是____（一样/不一样），原因是电压极性_____（发生/不发生）变化。

4. 二极管桥式整流电路是利用了二极管_____的特性，从而实现了整流。经整流后的输出波形与_____（半波/全波）整流电路的输出波形基本相同。

链接

1. 单相桥式整流电路工作原理

通过前面的电路制作及通过示波器进行波形观察，我们看到了桥式整流电路的输出波形 U_L，那么其形成原因是怎样的呢，同样我们通过学习其工作原理即可了解其形成原因。

在图 10.1.10 所示参考方向下，U_2 为正半周时，A 端为正、B 端为负，A 端电位高于 B 端电位，二极管 D_1 和 D_3 加正向电压导通，D_2 和 D_4 加反向电压截止，电流 i_1 自 A 端流过 D_1、R_L、D_3 到 B 端，它是自上而下流过 R_L。

U_2 为负半周时，A 端为负、B 端为正，A 端电位低于 B 端电位，二极管 D_2 和 D_4 加正向电压导通，D_1 和 D_3 加反向电压截止，电流 i_2 自 B 端流过 D_2、R_L、V_4 到 A 端，它是自上而下流过 R_L。

在交流电压 U_2 工作的整个周期内，i_1 和 i_2 叠加形成全波脉动直流电流 i_L，在 R_L 上只有自下而下的单方向电流 i_L，在 R_L 两端得到全波脉动直流电压 U_L，同样实现了全波整流。

2. 三种整流电路的比较（表10.1.5）

表10.1.5 三种整流电路的比较

比较	半波	全波	桥式
输出电压 U_O	$0.45U_2$	$0.9U_2$	$0.9U_2$
输出电流 I_O	$0.45U_2/R_L$	$0.9U_2/R_L$	$0.9U_2/R_L$
二极管平均电流 I_D	I_O	$1/2\ I_O$	$1/2\ I_O$
二极管最高反向电压 U_{RM}	$\sqrt{2}U_2$	$2\sqrt{2}U_2$	$\sqrt{2}U_2$
优点	结构简单，只有一个二极管	输出波形脉动成分小	输出波形脉动成分小且二极管反向耐压降低了
缺点	输出波形脉动成分大，电压低，电源利用率低	整流二极管的反向耐压要求高且变压器要有中心抽头	需要四只二极管

习题

一、填空题

1. 二极管的图形符号是_____。
2. 二极管的文字符号用_____或_____表示。
3. 锗管的导通电压是_____V，硅管的导通电压是_____V。
4. 半导体是一种导电能力介于_____与_____之间的物体。
5. PN结具有_____性能，即加_____电压时PN结导通；加_____电压时PN结截止。
6. 单相全波整流电路已知输出电压为18V，则变压器次级电压有效值为_____，二极管承受的最大反向电压为_____。

二、选择题

1. 如果二极管负极接在电路中，正极接地，那么这个二极管是（　　）。
   A．发光二极管　　B．检波二极管　　C．整流二极管　　D．稳压二极管
2. 晶体二极管的正极电位是-10V，负极电位-5V，则该晶体二极管处于（　　）。
   A．零偏　　B．反偏　　C．正偏　　D．不定
3. 当晶体二极管工作在伏安特性的正向特性区，而且所受电压大于其门槛电压时，则晶体二极管相当于（　　）。
   A．大电阻　　B．断开的开关　　C．接通的开关　　D．不确定
4. 二极管两端加上正向电压时（　　）。
   A．一定导通　　　　　　　　　　B．超过死区电压才能导通
   C．超过0.7V才能导通　　　　　　D．超过0.3V才能导通
5. 稳压二极管构成的稳压电路，其接法是（　　）。
   A．稳压二极管与负载电阻串联　　B．稳压二极管与负载电阻并联
   C．限流电阻与稳压二极管串联后，负载电阻再与稳压二极管并联

6．稳压二极管工作在（　　）状态。
   A．正向导通　　　B．反向截止　　　C．反向击穿
7．整流的目的是（　　）。
   A．将交流变为直流　　　　　B．将高频变为低频
   C．将正弦波变为方波
8．在单相桥式整流电路中，若有一只整流管接反，则（　　）。
   A．输出电压约为 $2U_D$　　　　B．变为半波直流
   C．整流管将因电流过大而烧坏

三、判断题

1．二极管没有正负极之分。　　　　　　　　　　　　　　　　　　（　　）
2．二极管具有单向导电性，电流只能从正极流向负极。　　　　　（　　）
3．二极管只要正极电压比负极电压大就可以导通。　　　　　　　（　　）
4．某一电路板中的二极管，有黑圈的一端是负极。　　　　　　　（　　）
5．我们常见的机箱面板上的电源指示灯是发光二极管。　　　　　（　　）
6．我们测二极管的正向阻值为 0 时，说明二极管为开路。　　　　（　　）

四、问答题

1．如何用模拟式万用表判断二极管的极性与性能好坏？
2．如图 10.1.11 所示电路，已知 $u = 20\sin\omega t$ V，$E=10$ V。试画出 u_0 的波形图。

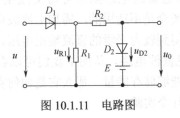

图 10.1.11　电路图

3．什么叫整流？常见二极管整流电路有几种类型？试分别画出电路原理图。
4．在图 10.1.12 所示的桥式整流电路中，试分析如下问题：
（1）若已知 U_2=20V，试估算 U_O 的值；
（2）若有一只二极管脱焊，U_O 的值如何变化？
（3）若二极管 D_1 的正负极焊接时颠倒了，会出现什么问题？
（4）若负载短接，会出现什么问题？
5．在单相全波整流电路中，如果变压器中心抽头脱焊，电路能否正常工作？有无电压输出？

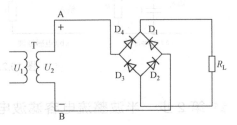

图 10.1.12　桥式整流电路

6．画出桥式全波整流电路图，若输出电压 U_L=9V，负载电流 I_L=2A。试求（1）电源变压器副边电压 U_2；（2）整流二极管承受的最高反向工作电压 U_{RM}；（3）流过二极管的平均电流 I_D。

项目 2　滤波电路的制作与测量

　学习目标

1. 能识读电容滤波、电感滤波、复式滤波电路图。
2. 了解滤波电路的应用实例。
3. 观察滤波电路的输出电压波形。
4. 了解滤波电路的作用及其工作原理会判别二极管的极性和好坏。

　工作任务

1. 认识滤波电路。
2. 半波整流电容滤波电路的测试。
3. 桥式整流电容滤波电路的测试。

▌第1步　认识滤波电路

通过前面的实验，我们知道整流电路虽然可将交流电变成直流电，但其脉动成分较大，在一些要求直流电平滑的场合是不适用的，需加上滤波电路，把脉动直流电中的脉动成分或纹波成分进一步过滤，以得到较为平滑的直流输出电压。

图 10.2.1 所示是几种常见滤波电路。从图中我们可以看出滤波电路中的主要元器件是电容器和电感器，这些器件都能够储存能量。那么它是如何实现滤波的呢？滤波效果又如何呢？带着这些疑问，我们先做几个实验。

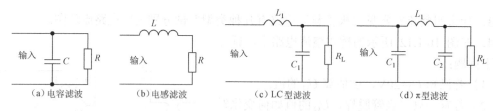

（a）电容滤波　　（b）电感滤波　　（c）LC 型滤波　　（d）π 型滤波

图 10.2.1　几种常见的滤波电路

▌第2步　半波整流电容滤波电路的测试

观察图 10.2.2 所示电路，是在半波整流电路的基础上，增加了一个电容器和两个开关。需要说明的是，这两个开关在这里仅仅是为了方便做实验，实际应用电路中是不需要的。

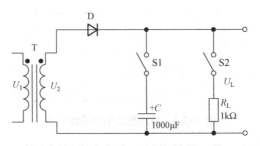

图 10.2.2　半波整流电容滤波电路

（1）按照图 10.2.2 连接电路，经复查确定连接正确后通电检测。

（2）调节直流稳压电源，使输出电压为 6V，断开 S1，对照表 10.2.1 测试相关数据并记录。

（3）闭合 S1，断开 S2，对照表 10.2.1 测试相关数据并记录。

（4）闭合 S1，闭合 S2，对照表 10.2.1 测试相关数据并记录。

表 10.2.1　半波整流电容滤波电路参数测试

	U_2	U_L	U_L/U_2
断开 S1			
闭合 S1、断开 S2（空载）			
闭合 S1、闭合 S2（有载）			

从前面的测试结果，可以总结出：

1. 输出电压与输入电压之间的关系如表 10.2.2 所示。

表 10.2.2　输出电压与输入电压之间的关系

输出电压平均值 U_L		
无滤波	有滤波	
	空载	有载
$U_L=(\ \ )U_2$	$U_L=(\ \ )U_2$	$U_L=(\ \ )U_2$

2. 在半波整流电路中接入电容滤波后，能使输出电压变_____（平滑/不平滑），脉动成分_____（减少/增加），输出电压_____（提高/降低）。

第 3 步　桥式整流电容滤波电路的测试

观察图 10.2.3 所示电路，是在桥式整流电路的基础上，增加了一个电容器和两个开关。需要说明的是，这两个开关在这里仅仅是为了方便做实验，实际应用电路中是不需要的。

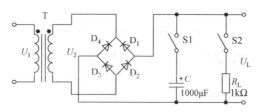

图 10.2.3 桥式整流电容滤波电路

（1）按照图 10.2.3 连接电路，经复查确定连接正确后通电检测。

（2）调节直流稳压电源，使输出电压为 6V，断开 S1，对照表 10.2.3 测试相关数据并记录。

（3）闭合 S1，断开 S2，对照表 10.2.3 测试相关数据并记录。

（4）闭合 S1，闭合 S2，对照表 10.2.3 测试相关数据并记录。

表 10.2.3 桥式整流电容滤波电路参数测试

	U_2	U_L	U_L/U_2
断开 S1			
闭合 S1、断开 S2（空载）			
闭合 S1、闭合 S2（有载）			

从前面的测试结果，可以总结出：

1．输出电压与输入电压之间的关系如表 10.2.4 所示。

表 10.2.4 输出电压与输入电压之间的关系

输出电压平均值 U_L			
无滤波	有滤波		
	空载	有载	
$U_L=(\quad)U_2$	$U_L=(\quad)U_2$	$U_L=(\quad)U_2$	

2．在桥式整流电路中接入电容滤波后，能使输出电压变＿＿＿＿＿＿＿（平滑/不平滑），脉动成分＿＿＿＿＿＿＿（减少/增加），输出电压＿＿＿＿＿＿＿（提高/降低）。

链接

1．滤波电路的类型与特点

用来实现滤波功能的电路除了电容滤波电路外，常见的滤波电路还有电感滤波和复式滤波电路。

1）电容滤波电路

如图 10.2.1（a）所示，它是利用电容两端的电压不能突变的特性，将电容与负载并联，使负载电压波形变得平滑。这种滤波电路结构简单，输出电压较高，纹波较小，但带负载能力较差。一般在负载电流较小且变化不大的场合下使用。

2）电感滤波电路

如图 10.2.1（b）所示，它是利用通过电感中的电流不能突变的特点，将电感与负载串联，是负载电压波形变得平滑。这种电路工作频率越高，电感越大，负载越小，则滤波效果越好，整流管不会受到浪涌电流的冲击，适用于负载电流较大的场合，但输出电压低，体积大，故在小型电子设备中很少采用。

3）复式滤波电路

为了进一步提高滤波效果，可将电容与电感组成复合滤波电路，常见的有 LC 型滤波、π 型滤波电路。

2．几种电容滤波电路参数的计算

整流电路接入电容滤波后，电路参数发生了变化，因此在选择器件时也是不同的，相关参数如表 10.2.5 所示。

表 10.2.5　接入电容滤波电路后的参数

滤波电路形式	输出电压平均值 U_O		整流二极管参数	
	有载时	空载时	电流 I_D	最高反向工作电压 U_{RM}
半波整流	U_2	$\sqrt{2}U_2$	I_L	$2\sqrt{2}U_2$
全波整流	$1.2U_2$	$\sqrt{2}U_2$	$1/2\ I_L$	$2\sqrt{2}U_2$
桥式整流	$1.2U_2$	$\sqrt{2}U_2$	$1/2\ I_L$	$2\sqrt{2}U_2$

习题

一、填空题

1．在滤波电路中，滤波电容应和负载_____联，滤波电感应和负载_____联。

2．直流电源中，除电容滤波电路外，还有_____、_____等滤波电路。

3．桥式整流电容滤波电路中，滤波电容值增大时，输出直流电压_____，负载电阻值增大时，输出直流电压_____。

4．直流电源中的滤波电路用来滤除整流后单相脉动电压中的_____成分，使之成为平滑_____的。

二、选择题

1．直流稳压电源中滤波电路的目的是（　　）。
   A．将交流变为直流　　　　　　　　B．将高频变为低频
   C．将交、直流混合量中的交流成分滤掉

2．在桥式整流电容滤波电路中，负载电压 U_0 为（　　）。
   A．$U_0=0.45\ U_2$　　　　　　　　B．$U_0=0.9\ U_2$
   C．$U_0=1.2\ U_2$　　　　　　　　D．$U_0=1.4U_2$

三、判断题

1．整流电路可将正弦电压变为脉动的直流电压。　　　　　　　　　　　　　　（　　）

2. 若 U_2 为电源变压器副边电压的有效值,则半波整流电容滤波电路和全波整流电容滤波电路在空载时的输出电压均为 $\sqrt{2}U_2$。（　　）

3. 在变压器副边电压和负载电阻相同的情况下,桥式整流电路的输出电流是半波整流电路输出电流的 2 倍。（　　）

4. 电容滤波电路适用于小负载电流,而电感滤波电路适用于大负载电流。（　　）

5. 在单相桥式整流电容滤波电路中,若有一只整流管断开,输出电压平均值变为原来的一半。（　　）

四、问答题

1. 单相桥式整流电容滤波电路如图 10.2.4 所示,已知交流电源频率 f=50Hz, u_2=15V, R_L=1kΩ。试估算:

（1）输出电压 U_L;
（2）流过二极管的电流;
（3）二极管承受的最高反向电压。

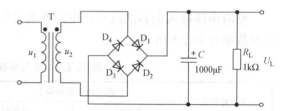

图 10.2.4　单相桥式整流电容滤波电路

2. 画出单相桥式整流电容滤波电路,若要求 U_L=20V, I_O=100mA,试求:

（1）变压器副边电压有效值 U_2、整流二极管参数 I_D 和 U_{RM};
（2）滤波电容容量和耐压;
（3）电容开路时的输出电压;
（4）负载电阻开路时的输出电压。

3. 单相半波整流电容滤波电路如图 10.2.5 所示,已知负载电阻 R_L=600Ω,变压器副变电压 u_2=20V。试求:

（1）输出电压 U_L;
（2）流过二极管的电流 I_D;
（3）二极管承受的最高反向电压。

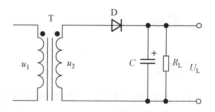

图 10.2.5　单相半波整流电容滤波电路

*项目 3　家用调光台灯电路的制作与调试

 学习目标

1. 能识读晶闸管图形与文字符号,了解它们的工作原理。
2. 熟悉晶闸管的工作条件、主要参数。
3. 掌握晶闸管电极与性能好坏的判别方法。
4. 会制作和调试家用调光台灯。

1. 认识晶闸管。
2. 制作家用调光台灯。

第1步　认识晶闸管

1. 按照图 10.3.1 所示正确连接电路（教师应给出元器件 V 的引脚排列图）。

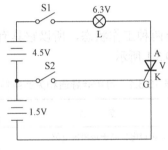

图 10.3.1　实验电路

2. 只闭合开关 S1，灯泡＿＿＿＿（亮/灭）。
3. 只闭合开关 S2，灯泡＿＿＿＿（亮/灭）。
4. 闭合开关 S1 后，闭合开关 S2，灯泡＿＿＿＿（亮/灭）。
5. 若灯泡亮后，仅断开开关 S1，灯泡＿＿＿＿（亮/灭）。
6. 若灯泡亮后，仅断开开关 S2，灯泡＿＿＿＿（亮/灭）。

从实验结果，我们可以初步得出结论：器件 V 相当于一个＿＿＿＿（开关/熔断器），但其导通必须受＿＿＿＿（A/K/G）端的控制，一旦导通又不受＿＿＿＿（A/K/G）端控制。

链接

图 10.3.1 中器件 V 称为晶闸管，又称为可控硅。它有三个电极，分别叫阳极 A、阴极 K、控制极 G，从图 10.3.2（b）晶闸管的电路符号可以看出，它和二极管一样是一种单方向导电的器件，关键是多了一个控制极 G，这就使它具有与二极管完全不同的工作特性。

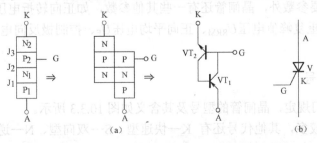

图 10.3.2　可控硅结构示意图和符号图

1. 晶闸管的工作原理

图 10.3.2（a）是晶闸管的结构示意图，它是四层三端器件，它有 J1、J2、J3 三个 PN 结，可以把它中间的 NP 分成两部分，构成一个 PNP 型三极管和一个 NPN 型三极管的复合管。

当晶闸管承受正向阳极电压时，为使晶闸管导通，必须使承受反向电压的 PN 结 J2 失去阻挡作用。每个晶体管的集电极电流同时就是另一个晶体管的基极电流。因此是两个互相复合的晶体管电路，当有足够的门极电流 I_G 流入时，就会形成强烈的正反馈，使两晶体管饱和导通。

由于两管构成的正反馈作用，所以一旦可控硅导通后，即使控制极 G 的电流消失了，可控硅仍然能够维持导通状态，由于触发信号只起触发作用，没有关断功能，所以这种晶闸管是不可关断的。

2. 晶闸管的工作条件

由于晶闸管只有导通和关断两种工作状态，所以它具有开关特性，这种特性需要一定的条件才能转化，此条件如表 10.3.1 所示。

表 10.3.1 可控硅导通和关断条件

状 态	条 件	说 明
从关断到导通	（1）阳极电位高于是阴极电位 （2）控制极有足够的正向电压和电流	两者缺一不可
维持导通	（1）阳极电位高于阴极电位 （2）阳极电流大于维持电流	两者缺一不可
从导通到关断	（1）阳极电位低于阴极电位 （2）阳极电流小于维持电流	任一条件即可

3. 晶闸管的主要参数

（1）额定正向平均电流 I_F：在环境温度小于 40℃和标准散热条件下，允许连续通过晶闸管的工频正弦半波电流的平均值。

（2）维持电流 I_H：在控制极开路和规定环境温度下，维持晶闸管导通的最小阳极电流。当晶闸管正向电流小于维持电流 I_H 时，会自行关断。

（3）触发电压 U_G 和触发电流 I_G：在规定的环境温度下，阳极-阴极间加一定正向电压，使晶闸管从阻断状态转变为导通状态所需要的最小控制极直流电压和电流。一般 U_G 为（1~5）V，I_G 为几十至几百 mA，为保证可靠触发，实际值应大于额定值。

除以上几个主要参数外，晶闸管还有一些其他参数，如正向转折电压 U_{BO}、正向重复峰值电压 U_{DRM}、反向重复峰值电压 U_{RRM}、正向平均电压 U_F、控制极反向电压 U_{GRM} 和浪涌电流 I_{FSM} 等。

4. 国产晶闸管的型号

按国家有关部门规定，晶闸管的型号及其含义如图 10.3.3 所示。

晶闸管的种类较多，其他代号还有 K—快速型、S—双向型、N—逆导型、G—可关断型。如 KS100—12G 表示额定电流为 100A，额定电压为 1200V 的双向型晶闸管。

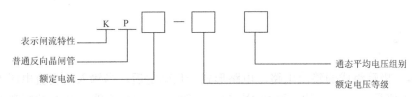

图 10.3.3　晶闸管的型号及其含义

5. 判别晶闸管的电极、性能

（1）判断各电极。检测时先应判别出晶闸管的电极。对于小功率晶闸管，利用"R×1k"挡，两表笔任意测量两极间电阻的阻值，直到测得某两极正反向阻值相差很大为止，这时，在阻值小的那次测量中，黑表笔所接的是晶闸管的 K，红表笔接的是 G，剩下的则是 A。对于大功率晶闸管（一般体积大的功率大），可用"R×10k"或"R×1k"挡检测，但测得的阻值分别比上述小功率晶闸管小 1~2 个数量级，判别法完全相同。

（2）判断晶闸管的好坏。用万用表 R×1k 或 R×10k 挡测量普通晶闸管阳极 A 与阴极 K 之间的正、反向电阻，正常时均应为无穷大（∞）。若测得的阻值为零或很低，说明晶闸管内部击穿短路或漏电。

用 R×10 或 R×100 挡，测控制极 G 和阴极 K 之间的正、反向电阻，若两次测量的阻值均很小或很大，表明控制极 G 与阴极 K 之间短路或开路。若正反向阻值相等或相近，说明晶闸管已失效，其 G、K 极间失去单向导电作用。

（3）触发能力检测。对于小功率的普通晶闸管（工作电流小于 5A），可用万用表 R×1 挡测量，测量时，黑表笔接阳极 A，红表笔接阴极 K，此时表针不动，即阻值为无穷大，用镊子将阳极 A 与控制极 G 短接（也可以用手直接捏住），相当于给控制极加上正向触发电压，此时若电阻值较小（阻值应因型号有所差异），则表明晶闸管因触发而导通。再断开控制极 G（在测量过程中不能断开阳极 A），若指针示值仍然保持不动，则说明晶闸管触发性能良好。

给出部分型号的晶闸管与其他器件，能正确判断出晶闸管及其极性并画出平面图（表 10.3.2）。

表 10.3.2　测试记录表

序号	引脚之间的阻值				平　面　图	触发性能是否良好
	R_{GK}	R_{KG}	R_{AK}	R_{KA}		
1						
2						
3						
4						

1．晶体二极管组成的整流电路，电路形式一旦确定后，当输入的交流电压不变时，输出的直流电压值是_____的（可变/固定），一般____（能/不能）任意控制和改变，因此这种整流电路通常称为_____（可控/不可控）整流电路。

2．二极管具有_____特性，有_____和_____两种状态；晶闸管有_____和_____两种工作状态，所以它具有_____特性，这种特性需要一定的条件才能转化。

3．晶闸管能不能组成整流电路？如果能，试分析它与二极管整流电路的区别。

第 2 步　制作家用调光台灯电路

调光台灯电路原理图如图 10.3.4 所示。

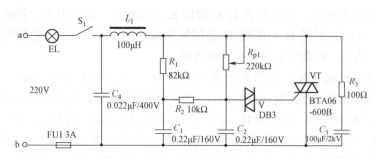

图 10.3.4　调光台灯电路原理图

（1）根据电路原理图（图 10.3.4）对电路装配图（图 10.3.5）进行核对，按原理图信号流通的路径找出各个元件在印制电路板图所对应的位置。

（2）按元件清单清点元件，并用万用表进行元件的质量检测，对于双向晶闸管应能判别其好坏和对应的引脚（提示：器件 V 没有正负极之分，可直接安装）。

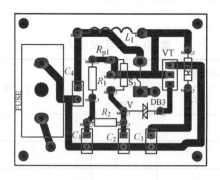

图 10.3.5　调光台灯电路装配图

（3）根据装配图选择所用的元件按元件成形规范对元件进行预加工成形，根据插件规范对各元器件进行安装。带开关电位器的开关直接焊接在电路板上的开关孔上，电位器的三个接线端通过硬导线连接到印制电路板上的所在位置。印制电路板四周用四个螺母固定、支撑。

（4）将元器件正确焊接在印刷电路板上，印制电路板的焊接质量满足工艺要求。

（5）从电路板上对应的位置引出调光开关的引出线，将负载台灯串接在该开关电路中，并接上交流电源插头。

（6）认真检查各元件安装无误后接上 220V 交流电源插头，打开旋转开关，转动电位器，电灯的亮度应随着转动的电位器转动角度而改变，用万用表测量电灯两端在电位器在两个极端位置时的电压，从而得出该调光开关的调压范围。

（7）调节电位器使电灯的亮度在三种状态（亮-暗-灭），并用示波器分别观测电容 C_2 和电灯两端的电压波形，并记录在表 10.3.3 中。

表 10.3.3　测试记录表

被测量端	波　形		
	灯亮	灯暗	灯灭
电容 C_2 两端			
电灯两端			

1. 本电路中 VT 相当于一个＿＿＿＿＿＿。
2. 器件 VT 的 G 极受＿＿＿、＿＿＿＿、＿＿＿＿＿、＿＿＿＿＿＿、＿＿＿＿等器件控制。
3. 器件 FU1 在电路中起＿＿＿＿＿＿作用。
4. 器件 L_1、C_4 在电路中起＿＿＿＿＿＿作用。

1．调光台灯的工作原理

图 10.3.5 为调光台灯电路。图中由电位器 R_{p1} 和电容 C_2 以及电阻 R_1 和电容 C_1 组成两个移相网络，它能实现大于 90°的移相范围，它们决定了双向晶闸管的导通角。触发电路由双向触发二极管 V 构成。双向晶闸管为电路的核心控制元件，它的导通和关闭决定了电路的输出电压。R_3 和 C_3 构成阻容保护电路，对双向晶闸管进行过电压保护。L_1 和 C_4 构成滤波电路，目的是为了防止射频信号的干扰。电路中由熔断器作为整个电路的短路保护。电路的工作过程是：接通电源后，交流电源半个周期电压通过两个移相网络为电容 C_3 上充电，当 C_3 上的电压达到双向触发二极管的导通电压时，双向触发二极管导通，为双向晶闸管提供触发电流，双向晶闸管导通，使电灯得电。当交流电过零点的时候，双向晶闸管能自行关断，同样原理，下一半周交流电使双向晶闸管以同样的导通角导通，使电灯得电，能稳定发光。当改变 R_{p1} 时，改变了 C_3 上的电压上升到触发二极管导通的时间，从而改变了加到灯两端的电压，灯光的亮度随之而改变。当 R_{p1} 的数值大于某一数值时，可能 C_3 的充电电压在电源的半个周期内，达不到双向可控硅的触发电压，灯也不能发光，故能把灯光的亮度控制在一定范围内。可见通过改变 R_{p1} 的数值，可以改变双向晶闸管的导通角，从而达到调亮

的目的。

2. 晶闸管的使用注意事项

选用晶闸管的额定电压时，应参考实际工作条件下的峰值电压的大小，并留出一定的余量。一般其额定峰值电压和额定电流均应高于受控电路的最大工作电压和最大工作电流1.5~2倍。

（1）选用晶闸管的额定电流时，除了考虑通过元件的平均电流外，还应注意正常工作时导通角的大小、散热通风条件等因素。在工作中还应注意管壳温度不超过相应电流下的允许值。

（2）使用晶闸管之前，应用万用表检查晶闸管是否良好，如有短路或断路现象时，应立即更换。

（3）严禁用兆欧表检查元件的绝缘情况。

（4）电流为 5A 以上的晶闸管要装散热器，并且保证所规定的冷却条件。为保证散热器与晶闸管管心接触良好，它们之间应涂上一薄层有机硅油或硅脂。

（5）按规定对主电路中的晶闸管采用过压及过流保护装置。

（6）要防止晶闸管门极的正向过载和反向击穿。

 习题

一、填空题

1. 晶闸管像二极管一样，具有可控_____特性。
2. 为了保证晶闸管可靠与迅速地关断，通常在管子阳极电压下降为零之后，加一段时间的_____电压。
3. 选用晶闸管的额定电压值应比实际工作时的最大电压大_____倍，使其有一定的电压裕量。
4. 选用晶闸管的额定电流时，根据实际最大电流计算后至少还要乘以_____。
5. 在螺栓式晶闸管上有螺栓的一端是_____极。
6. 晶闸管一旦被触发导通后，_____极完全失去控制作用。
7. 把晶闸管承受正向电压起到触发导通之间的电角度称为_____。
8. 元件从正向电流降为零到元件恢复正向阻断的时间称为_____。
9. 如晶闸管的型号为 KK200-9，请说明 KK_____；200 表示_____，9 表示_____。型号为 KS100-8 的元件表示_____管，它的额定电压为 _____V，额定电流为_____A。

二、简答题

1. 试说明晶闸管的结构。
2. 晶闸管都有哪些重要参数？
3. 晶闸管导通的条件是什么？导通时，其中电流的大小由什么决定？晶闸管阻断时，承受电压的大小由什么决定？
4. 如何用万用表判断晶闸管的好坏、引脚？
5. 如何选用晶闸管？

*项目 4　稳压电源的制作与调试

 学习目标

1. 了解稳压电源的组成与主要技术指标。
2. 熟悉简单串联型稳压电路的组成与工作原理。
3. 会制作简单串联型稳压电路。
4. 能调试、测量串联型稳压电源电路的输出电压和纹波系数等。

 工作任务

1. 认识串联型稳压电源电源电路原理图。
2. 制作与调试串联型电源电路。

■ 第 1 步　认识串联型稳压电源电路

如图 10.4.1 所示，是一个简单的直流稳压电源，电路由交流变压器 T、二极管 $D_1 \sim D_4$（构成桥式整流电路）、电容 C_1（滤波）及其他一些器件组成，实现 3～6V 直流电压输出。

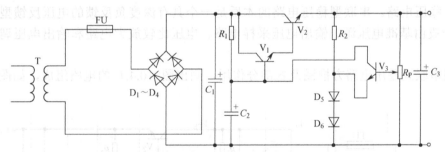

图 10.4.1　串联式稳压电源原理图

串联式稳定电源装配图如图 10.4.2 所示。

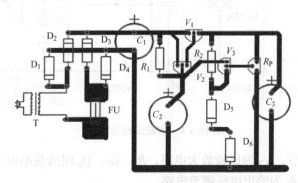

图 10.4.2　串联式稳压电源装配图

链接

1. 串联式稳压电源

串联式稳压电源方框图如图 10.4.3 所示，一般由降压电路、整流电路、滤波电路和调压稳压电路四部分组成。稳压电路部分又由基准电压源、输出电压采样电路、电压比较放大电路和输出电压调整电路组成。

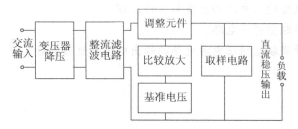

图 10.4.3 串联式稳压电源方框图

（1）降压电路。降压电路一般使用单相交流变压器，选用电压和功率依照后级电路的设计需求而定。

（2）整流电路。整流电路的主要作用是把经过变压器降压后的交流电通过整流变成单个方向的直流电。常见的整流电路主要有全波整流电路、桥式整流电路、倍压整流电路。

（3）滤波电路。通过滤波电路，使整流后的脉动直流电，变成稍平滑的直流电。常见的滤波电路有电容滤波电路、电感滤波电路、L 型滤波电路、π 型滤波电路。

（4）稳压电路。串联型稳压电路的本质是一个具有深度负反馈的电压反馈型功率放大器，一般由基准电压源、输出电压采样电路、电压比较放大电路和输出电压调整电路组成。

按照串联式稳压电路方框图及各部分作用，画出图 10.4.1 的电路组成，如图 10.4.4 所示。

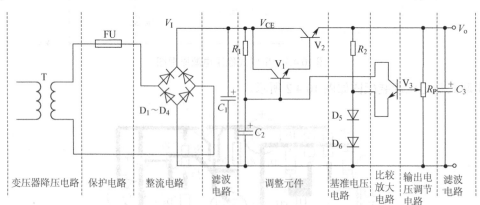

图 10.4.4 串联式稳压电源

V_1、V_2 组成调整管，V_3 为比较放大电路，R_2、D_5、D_6 组成基准电压电路，本电路的基准电压 V_{REF} 为 1.4V，R_P 为输出电压调节电路。

这种稳压电路的主回路由调整管与负载串联构成，输出电压 $V_O=V_I-V_{CE}$，其变化量由反馈网络取样，并经放大电路放大后去控制调整管的基极电压，从而改变调整管的 V_{CE} 大小。

当输入电压 V_I 增加（或负载电流 I_O 减小）时，导致输出电压 V_O 增加，反馈电压也随之增加（电位器 R_P 中点电压）。V_F 与基准电压 V_{REF} 相比较，其差值电压经比较放大电路放大后使调整管的 V_B 和 I_C 减小，于是调整管的 c-e 间电压 V_{CE} 增大，使 V_O 下降，从而维持 V_O 基本恒定。

2．实例电路分析

如图 10.4.4 所示，电源变压器 T 次级的低压交流电，经整流、滤波后，送给稳压电路。稳压电路由复合调整管 V_1、V_2、比较放大管 V_3、稳压作用的硅二极管 D_5、D_6 和取样微调电位器 R_P 等组成。

R_2 是提供 D_5、D_6 正向电流的限流电阻。R_1 是集电极负载电阻，又是复合调整管基极的偏流电阻。C_2 是考虑到在市电电压降低的时候，为了减小输出电压的交流成分而设置的。C_3 的作用是降低稳压电源的交流内阻和纹波。

由于 V_3 的发射极对地电压是通过二极管 D_5、D_6 稳定的，可以认为 V_3 的发射极对地电压是不变的，这个电压称为基准电压。

如果输出电压有减小的趋势，V_3 基极发射极之间的电压也要减小，这就使 V_3 的集电极电波流减小，集电极电压增大。由于 V_3 的集电极和 V_2 的基极是直接耦合的，V_3 集电极电压增大，也就是 V_2 的基极电压增大，这就使复合调整管加强导通，管压降减小，维持输出电压不变。同样，如果输出电压有增大的趋势，通过 V_3 的作用又使复合调整管的管压降增大，维持输出电压不变。

▌第 2 步　制作与调试串联型稳压电源

1．元器件清单（表 10.4.1）

表 10.4.1　元器件清单

序　号	名　　称	型号规格	数　量	元件标号
1	二极管	IN4001	4	$D_1 \sim D_4$
2	二极管	IN4148	2	D_5、D_6
3	三极管	9013	2	V_1、V_2
4	三极管	9011	1	V_3
5	电阻	2kΩ	1	R_1
6	电阻	680Ω	1	R_2
7	微调电位器	1kΩ	1	R_P
8	电解电容器	470μF/25V	1	C_1
9	电解电容器	47μF/16V	1	C_2
10	电解电容器	100μF/16V	1	C_3
11	电源变压器	220V/9V	1	T
12	熔断丝	0.5A	1	FU
其他：印刷电路板，熔断丝座，接线固定片，黑胶布，导线若干等				

2. 制作步骤

（1）读图：根据电路原理图和装配图的对应关系，找出各个元件所在位置。

（2）检测：按元件清单清点元件，并检测其好坏。

（3）安装：根据装配图正确安装各元器件，进行焊接。

（4）调试：

① 检查元件安装正确无误后，接通电源。

② 调节 R_P 的阻值，测出输出电压的可调范围，并记入表 10.4.2 中。

③ 调节 R_P 的阻值，使输出电压为 3V。

④ 输出电压为 3V 时，接上 30Ω 负载电阻。观察输出电压是否有变化。

⑤ 测量 V_1、V_2、V_3 各脚电压，并记入表 10.4.2 中。

⑥ 测量串联稳压电源的输出负载电流，并记入表 10.4.2 中。

⑦ 用毫伏表测量电源输出端（C_3 两端）的交流电压分量的有效值（纹波电压），并计入表 10.4.2 中。

表 10.4.2 测试记录表

测　　量	电　压　值		
	V_E	V_B	V_C
V_1			
V_2			
V_3			
输出电压调节范围			
输出负载电流			
纹波电压			

1. 本电路中基准电压元件是_____，可以改用_____。

2. 本电路输出电压调节范围在_____之间，如果要使输出电压提高到 12V，一般应调整_____、_____等元器件。

3. 调整元件采用 V_1、V_2 复合管是为了_____。

习题

一、填空题

1. 直流电源中，除电容滤波电路外，其他形式的滤波电路包括_____、_____等。

2. 桥式整流电容滤波电路中，滤波电容值增大时，输出直流电压_____，负载电阻值增大时，输出直流电压_____。

3. 直流电源中的滤波电路用来滤除整流后单相脉动电压中的_____成分，使之成为平滑的_____。

4. CW7805 的输出电压为_____；CW79M24 的输出电压为_____。

5. 串联型稳压电路中比较放大电路的作用是将_____电压与_____电压的差值进行_____。

6. 单相_____电路用来将交流电压变换为单相脉动的直流电压。

7. 串联型稳压电路由_____、_____、_____和_____等部分组成。

8. 直流电源中的稳压电路作用是当_____波动、_____变化或_____变化时，维持输出直流电压的稳定。

二、选择题

1. 直流稳压电源中滤波电路的目的是（　　）。
   A．将交流变为直流　　　　　　B．将高频变为低频
   C．将交、直流混合量中的交流成分滤掉。

2. 滤波电路应选用（　　）。
   A．高通滤波电路　　　　　　B．低通滤波电路
   C．带通滤波电路

3. 若要组成输出电压可调、最大输出电流为 3A 的直流稳压电源，则应采用（　　）。
   A．电容滤波稳压管稳压电路　　　B．电感滤波稳压管稳压电路
   C．电容滤波串联型稳压电路　　　D．电感滤波串联型稳压电路

4. 串联型稳压电路中的放大环节所放大的对象是（　　）。
   A．基准电压　　B．取样电压　　C．基准电压与取样电压之差

5. 硅稳压管稳压电路，稳压管的稳定电压应选（　　）负载电压。
   A．大于　　　　B．小于　　　　C．等于

6. 硅稳压管稳压电路，稳压管的电流应选（　　）负载电流。
   A．大于　　　　B．小于　　　　C．等于　　　　D．大于 2 倍

7. 桥式整流电路在接入电容滤波后，输出电流电压（　　）。
   A．升高了　　　B．降低了　　　C．保持不变。

三、问答题

1. 串联式直流稳压电源由哪几部分组成，各部分的作用是什么？

2. 衡量直流稳压电源的质量指标有哪几项，其含义是什么？

3. 如图 10.4.5 所示直流稳压电源电路，指出图中错误并改正。

4. 如图 10.4.5 所示直流稳压电源电路，已知变压器次级电压有效值为 15V，稳压管 D_5 的稳压值为 7.5V，电阻 R_1、R_2、R_P 分别为 1kΩ、1.5kΩ、1kΩ。求：

（1）电路中调整管、放大环节、基准电压、采样电路分别由哪些组成？

（2）该电路输出电压调节范围为多少？

（3）当 R_P 处于中点时，输出电压是多少？

（4）如果将 R_4 上端接到 V_2 的集电极，电路能否正常工作，为什么？

5. 如图 10.4.5 所示直流稳压电源电路，当出现以下几种情况时，试分析故障现象，输出电压为多少。

（1）V_1 发射结断路；

（2）V_2 发射结烧断；

（3）V_2 发射极和集电极之间短路；
（4）电位器 R_P 接触不良；
（5）R_1 开路；
（6）R_2 开路；
（7）D_5 断路。

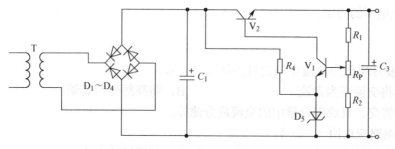

图 10.4.5　直流稳压电源电路

学习领域 11　晶体三极管及放大电路

项目 1　共射放大电路的安装与测试

 学习目标

1. 了解三极管的结构及符号，在实践中能合理使用三极管。
2. 会用万用表判别三极管的类型和引脚及三极管的好坏。
3. 能识读共射放大电路的电路图。
4. 了解共射放大电路的电路构成特点和主要元器件的作用。
5. 了解小信号放大器的静态工作点和性能指标的含义。
6. 了解多级放大器的三种级间耦合方式及特点。

 工作任务

1. 安装共射放大电路。
2. 判别三极管的类型和引脚及三极管的好坏。

▌安装共射放大电路

1. 安装调试单管共射基本放大电路

操作步骤如下。

（1）在电工实验台上搭建如图 11.1.1 所示的晶体管单管共射放大电路。

（2）调整测量放大电路的静态工作点。调节 R_W 到中间部分，测出 V_B、V_C，记入表 11.1.1 中。

（3）测量电压放大倍数。调节低频信号发生器，使其输出 1000Hz、10mV 的正弦波信号，加至放大电路输入端，放大器的输出端不接负载电阻，用毫伏表分别测出输入端和输出端电压的有效值，计算空载下的 A_V 值，记入表 11.1.2 中。

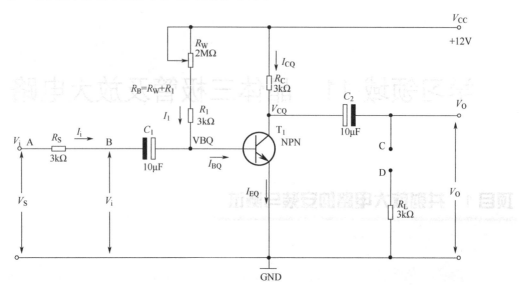

图 11.1.1　晶体管单管共射放大电路

表 11.1.1　测试记录表

	V_C	V_B
调节 R_W 至中间部分		

（4）外接 3kΩ 的负载电阻，按照上述方法，再次测量输入端和输出端电压的有效值，计算带载下的 A_v 值，记入表 11.1.2 中。

表 11.1.2　测试记录表

	空　载	带　载
V_O		
A_V		

2. 电路中各元件作用

（1）R_B 基极偏流电阻，提供静态工作点所需基极电流。R_B 是由 R_1 和 R_W 串联组成的，R_W 是可变电阻，用来调节三极管的静态工作点，R_1（3kΩ）起保护作用，避免 R_W 调至 0 端使基极电流过大，损坏晶体管。

（2）R_S 是输入电流取样电阻，输入电流 I_i 流过 R_S，在 R_S 上形成压降，测量 R_S 两端的电压便可计算出 I_i。

（3）R_C 是集电极直流负载电阻。

（4）R_L 是交流负载电阻。

（5）C_1、C_2 是耦合电容。

链接

半导体三极管也称为晶体三极管，是由两个 PN 结构成的半导体器件，根据两个 PN 结组合的方式的不同，晶体三极管分为 NPN 和 PNP 型两大类。

三极管主要的功能是电流放大和开关作用。三极管顾名思义具有三个电极。二极管是由一个 PN 结构成的，而三极管由两个 PN 结构成，分别称为集电结和发射结，两个 PN 结共用的一个电极成为三极管的基极（用字母 b 表示）。其他的两个电极成为集电极（用字母 c 表示）和发射极（用字母 e 表示）。由于不同的组合方式，形成了一种是 NPN 型的三极管，另一种是 PNP 型的三极管。三极管的符号表示如图 11.1.2 所示，有一个箭头的电极是发射极，箭头朝外的是 NPN 型三极管，而箭头朝内的是 PNP 型。实际上箭头所指的方向是电流的方向。

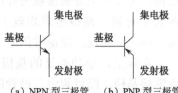

图 11.1.2　三极管的符号

晶体三极管具有电流放大作用，但要实现电流放大作用，不管那种晶体管都必须加上合适的工作电压，即发射结加正向电压，集电极加反向电压，分别称为正偏和反偏。

如图 11.1.1 所示的 NPN 型晶体管共发射极电流放大电路中，有如下的电流分配关系：

$$I_E = I_C + I_B$$

由于 I_B 很小，故 $I_E \approx I_C$。

集电极电流 I_C 受基极电流 I_B 的控制，或者说很小的基极电流 I_B 能使集电极产生很大的电流 I_C，这就是晶体管的直流放大作用。它们的比值称为晶体管的共发射极直流电流放大系数，用 $\overline{\beta}$ 表示，即

$$\overline{\beta} = \frac{I_C}{I_B}$$

1. 三极管引脚判别

测试三极管要使用万用电表的欧姆挡，并选择 R×100 或 R×1k 挡位。万用电表欧姆挡红表笔所连接的是表内电池的负极，黑表笔则连接着表内电池的正极。

假定我们并不知道被测三极管是 NPN 型还是 PNP 型，也分不清各引脚是什么电极。判别有以下两种方法。

（1）目测法。

① 管型的判别。一般来说，管型是 NPN 还是 PNP 应从管壳上标注的型号来辨别。依照标准，三极管型号的第二位（字母），A、C 表示 PNP 管，B、D 表示 NPN 管，例如：

3AX 为 PNP 型低频小功率管　3BX 为 NPN 型低频小功率管；
3CG 为 PNP 型高频小功率管　3DG 为 NPN 型高频小功率管；
3AD 为 PNP 型低频大功率管　3DD 为 NPN 型低频大功率管；
3CA 为 PNP 型高频大功率管　3DA 为 NPN 型高频大功率管。

此外有国际流行的 9011～9018 系列高频小功率管，除 9012 和 9015 为 PNP 管外，其余均为 NPN 型管。

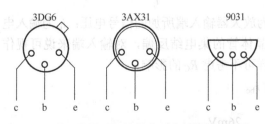

图 11.1.3　典型三极管的外形和管极排列方式

② 管极的判别。常用中小功率三极管有金属圆壳和塑料封装（半柱型）等外形，图 11.1.3 介绍了三种典型三极管的外形和管极排列方式。

（2）用万用表电阻挡判别。

① 基极的判别。判别管极时应首先确认基极。对于 NPN 管，用黑表笔接假定的

基极，用红表笔分别接触另外两个极，若测得电阻都小，约为几百欧至几千欧；而将黑、红两表笔对调，测得电阻均较大，在几百千欧以上，此时黑表笔接的就是基极。对于 PNP 管，情况正相反，测量时两个 PN 结都正偏的情况下，红表笔接基极。

实际上，小功率管的基极一般排列在三个引脚的中间，可用上述方法，分别将黑、红表笔接基极，既可测定三极管的两个 PN 结是否完好（与二极管 PN 结的测量方法一样），又可确认管型。

② 集电极和发射极的判别。确定基极后，假设余下引脚之一为集电极 c，另一引脚为发射极 e，用手指分别捏住 c 极与 b 极（即用手指代替基极电阻 R_b）。同时，将万用表两表笔分别与 c、e 接触，若被测管为 NPN，则用黑表笔接触 c 极、用红表笔接 e 极（PNP 管相反），观察指针偏转角度；然后再设另一引脚为 c 极，重复以上过程，比较两次测量指针的偏转角度，角度偏转大的一次表明 I_C 大，管子处于放大状态，相应假设的 c、e 极正确。

2. 基本共射放大器静态工作点的调试和计算

晶体管的静态工作点对放大电路能否正常工作起着重要的作用。对安装好的晶体管放大电路必须进行静态工作点的测量和调试。

静态工作点：晶体管的静态工作点是指 V_{BEQ}、I_{BQ}、V_{CEQ}、I_{CQ} 四个参数的值。

在图 11.1.1 中，只要测出 V_{BQ}、V_{CQ}、V_{CC} 电压值，便可计算出 V_{BEQ}、V_{CEQ}、I_{CQ}、I_{BQ}。计算公式如下（计算前，需知道 R_B、R_C 的值）：

$$V_{BEQ} = V_{BQ} \quad ; \quad V_{CEQ} = V_{CQ}$$

$$I_{CQ} = \frac{V_{CC} - V_{CQ}}{R_C}$$

$$I_{BQ} = \frac{V_{CC} - V_{BQ}}{R_B}$$

式中：
$$R_B = R_1 + R_W$$

3. 放大器动态指标

放大器动态指标有电压放大倍数 A_V、输入电阻 r_i、输出电阻 r_o、最大不失真输出幅值和通频带 f_{bw}。

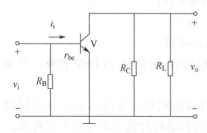

图 11.1.4　放大器交流等效电路

（1）输入电阻 r_i：从放大器输入端看进去的交流等效电阻 r_i 称为放大器的输入电阻，放大器交流等效电路如图 11.1.4 所示。

$$r_i = \frac{v_i}{i_i}$$

式中，v_i 为放大器输入端所加的信号电压；i_i 为输入电流。由于晶体管的集电结反偏，对输入端来说可视作开路，这样可不考虑 R_C 的影响：

$$r_i = R_B // r_{be}$$

式中，r_{be} 为晶体管的输入电阻，其估算公式为：

$$r_{be} \approx 300 + (1+\beta)\frac{26\text{mV}}{I_E(\text{mA})}$$

(2) 输出电阻 r_o：就是从放大器输出端看进去的交流等效电阻。

无负载时：$r_o \approx R_C$

有负载时：$r_o \approx R_L' = R_C // R_L$

(3) 电压放大倍数 A_V：

电压放大倍数 A_V 指输出电压 v_o 与输入电压 v_i 的比值。

$$A_V = \frac{v_o}{v_i} \approx \frac{-i_c R_L'}{i_b r_{be}} = \frac{-\beta i_b R_L'}{i_b r_{be}} = -\beta \frac{R_L'}{r_{be}}$$

4．多级放大器的耦合方式

多级放大器有直接耦合、阻容耦合和变压器耦合等方式。

1）直接耦合放大电路

为了传递变化缓慢的直流信号，可以把前级的输出端直接接到后级的输入端。这种连接方式称为直接耦合，如图 11.1.5 所示。直接耦合放大电路有很多优点，它既可以放大和传递交流信号，也可以放大和传递变化缓慢的信号或者是直流信号，且便于集成。实际的集成运算放大器其内部就是一个高增益的直接耦合多级放大电路。直接耦合放大电路，由于前后级之间存在着直流通路，使得各级静态工作点互相制约、互相影响。因此，在设计时必须采取一定的措施，以保证既能有效地传递信号，又要使各级有合适的工作点。

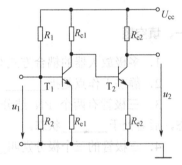

图 11.1.5　直接耦合放大电路

优点：低频特性好，元件少，适合于集成化。

问题：电路中各级静态工作点互相影响，且存在零点漂移问题，必须采取有效措施加以抑制。多用于放大直流或变化缓慢的信号。

2）阻容耦合放大电路

图 11.1.6 为两级阻容耦合放大电路。图中两级都有各自独立的分压式偏置电路，以便稳定各级的静态工作点。前级的输出与后级的输入之间通过电阻 R_{c1} 和 C_2 相连接，所以称为阻容耦合放大电路。

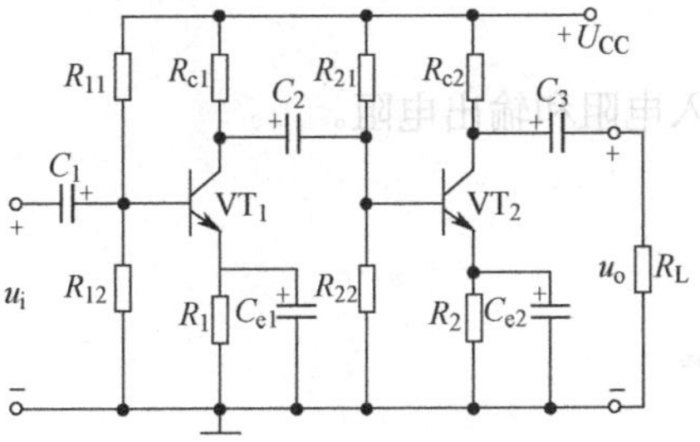

阻容耦合不适合于传递变化缓慢的信号，更不能传递直流信号。在集成电路中，由于制作工艺的限制，无法采用阻容耦合。

优点：各级静态工作点独立，设计调试方便，电路不存在零点漂移的问题。

问题：低频特性差，不便于集成化，也不能用于直流信号的放大。多用作分立元件交流放大电路。

图 11.1.6　两级阻容耦合放大电路

3）变压器耦合多级放大器

图 11.1.7 为变压器耦合放大电路信号的耦合通过变压器 B1、B2 实现。

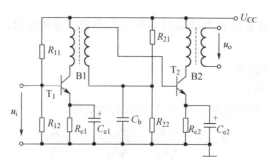

图 11.1.7 变压器耦合放大电路

优点：各级的静态工作点独立，可实现阻抗变换而获得较大的功率输出。
问题：频带窄，低频响应差且体积大。只在某些特殊场合使用。

习题

一、填空题

1. 多极放大器的耦合方式有_____、_____、_____三种。
2. 静态工作点是指_____、_____、_____、_____这四个参数。
3. 三极管有两个 PN 结分别叫_____、_____，在放大状态时，前者处于_____状态，后者处于_____状态。
4. 三极管的三个极分别叫_____、_____、_____。

二、问答题

1. 试述 NPN 型三极管的基极的判断方法。
2. 什么是静态？什么是静态工作点？放大电路为什么要设置静态工作点？
3. 改变 R_C、R_B、V_{cc} 对静态工作点有何影响？

三、计算题

如图 11.1.1 所示，假设三极管采用 NPN 型硅管，$\beta=100$，$V_{BEQ} \approx 0.6V$，$r_{be}=1k\Omega$，$R_1=3k\Omega$，$R_W=800k\Omega$，$R_C=3k\Omega$，$R_L=3k\Omega$。

（1）估算放大器的静态工作点，电压放大倍数，输入电阻和输出电阻。
（2）当要求 $I_{CQ}=2mA$ 时，计算 R_b 应为多少欧？

项目2　集成运算放大电路的安装与测试

 学习目标

1. 了解反馈的概念，了解负反馈应用于放大器中的类型；了解负反馈对放大电路性能的影响。
2. 了解集成运放的电路结构，了解集成运放的符号及器件的引脚功能。
3. 了解集成运放的理想特性在实际中的应用，能识读反相放大器、同相放大器电路图。

工作任务

1. 认识集成运放器件。
2. 安装集成运放电路。

第 1 步　安装集成运算放大器电路

图 11.2.1 为一用四运放集成电路 LM324 制作的比例运算放大电路装配图，按照如下操作步骤完成此电路安装与测量。

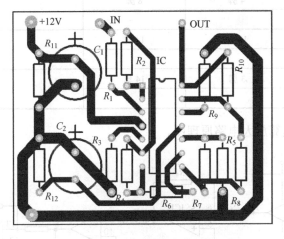

图 11.2.1　比例运算放大电路装配图

（1）根据装配图，按照元件清单将各个元件安装在规定位置，如表 11.2.1 所示。

表 11.2.1　元件清单

序　号	名　称	型号规格	数　量	元 件 标 号
1	电阻	510Ω	1	R_1
2	电阻	1kΩ	7	R_2、R_3、R_5、R_8、R_{10}、R_{11}、R_{12}
3	电阻	20kΩ	1	R_4
4	电阻	750kΩ	1	R_6
5	电阻	5.1kΩ	1	R_7
6	电阻	510Ω	1	R_9
7	电容	220μF/16V	2	C_1、C_2
8	集成电路	LM324	1	IC

（2）调试测量。

① 在未通电的情况下，检查元器件安装是否正确，并用万用表测量电源正负极之间的

电阻,防止短路。

② 调节低频信号发生器,输出频率为 1kHz,电压为 50mV 的正弦波信号,并送给比例运算放大器的输入端。

③ 将双通示波器 Y 轴输入电缆分别与比例运算放大器电路的输入、输出端连接。

④ 接通电路电源,使输入、输出电压波形稳定显示(1~3 周期)。

⑤ 读取相应电压并记入表 11.2.2 中。

表 11.2.2 测试记录表

测量电路	输入电压	输出电压	电压放大倍数	相 位 差
电压跟随器	3 脚	1 脚		
反向比例放大器	4 脚	7 脚		
同向比例放大器	4 脚	8 脚		
反向器	13 脚	14 脚		
电路合成	3 脚	14 脚		

图 11.2.2 为比例运算放大电路原理图。

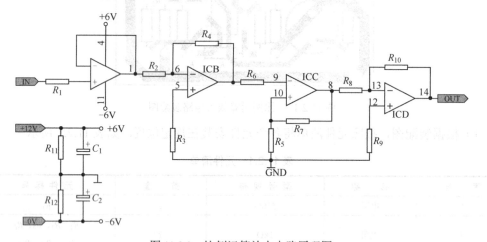

图 11.2.2 比例运算放大电路原理图

第 2 步 认识集成运算放大器

链接

1. 集成运算放大电路

集成电路是 20 世纪 60 年代初期发展起来的一种半导体器件,它是在半导体制造工艺的基础上，在一块微小的硅基片上制造出来的能实现特定功能的电子电路。相对由单个元件连接起来的分立电路而言，具有体积小、重量轻、功耗低、可靠性高和价格便宜等特点。集成运算放大电路（以下简称集成运放）是一种高电压放大倍数、高输入阻抗、低输出阻抗的直接耦合的多级放大电路。早期的集成运放主要用来完成对信号的加、减法，积分、微分等运算，故称运算放大器，现在它的应用已远远超出这一范围。

2．集成运放的组成

集成运放通常由输入级、电压放大级、输出级和偏置电路四部分组成，如图 11.2.3 所示。

图 11.2.3　集成运放的组成

输入级一般都采用差动放大电路，要求其输入电阻高、零点漂移小，能抑制干扰信号，输入级是提高集成运放质量的关键部分。

集成运放一般有两个输入端，一个称为同相输入端，另一个称为反相输入端。信号从同相输入端输入时，输出电压与输入电压同相，信号从反相输入端输入时，输出电压与输入电压反相。

电压放大级的主要作用是提高电压增益，一般由一级或多级的共射放大电路组成。

输出级与负载相连接，要求其输出电阻低、带负载能力强，能够输出足够大的电压和电流，一般由互补对称放大电路或射极输出器组成。

偏置电路为各级电路提供稳定和合适的偏置，决定各级的静态工作点，一般由各种恒流源电路组成。

图 11.2.4 所示的是 CF741 型集成运放的简化原理图。

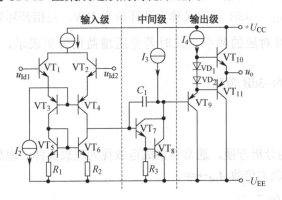

图 11.2.4　集成运放 CF741 的简化电路

3．集成运放的主要参数

（1）最大输出电压 U_{OPP}。与输入电压保持不失真关系的最大输出电压，称为运放的最大输出电压。电源电压为±15V 时，U_{OPP} 一般在±13V 左右。

（2）开环差模电压放大倍数 A_{od}。A_{od} 是指运放在无外加反馈、工作在线性区时的直流差模电压增益，一般用对数表示，单位为分贝。

$$A_{od} = 20\lg\left|\frac{U_o}{U_{id}}\right| \text{ dB}$$

实际运放的 A_{od} 一般在 100dB 左右，即十万倍左右。

（3）输入失调电压 U_{IO}。输入失调电压是输出电压为零时，在输入端所加的补偿电压。它的大小反映了输入级差动管的对称程度，一般运放的 U_{IO} 值为 1~10mV。

（4）输入失调电流 I_{IO}。输入失调电流是当输出电压为零时，两个输入端偏置电流之差，I_{IO} 反映了差动管输入电流的不对称情况。一般运放的 I_{IO} 值为几十至一百纳安。

（5）输入偏置电流 I_{IB}。I_{IB} 是输出电压等于零时，两个输入端偏置电流的平均值，$I_{IB}=\frac{1}{2}(I_{B1}+I_{B2})$，$I_{IB}$ 是衡量差动管输入电流大小的指标。双极型晶体管输入电流大小的指标。

（6）最大共模输入电压 U_{icm}。U_{icm} 是指运放所能承受的最大共模输入电压，超过此值，运放的共模抑制能力将显著下降。一般指运放作电压跟随器时，使输出电压产生 1%跟随误差的共模输入电压。

（7）最大差模输入电压 U_{idm}。U_{idm} 是指运放反相输入端和同相输入端之间能够承受的最大电压，若超过此值，输入级差动管中的一个管子的发射结可能被反向击穿。

（8）最大输出电流 I_{om}。I_{om} 是指运放所能输出的正向或反向的峰值电流，输出电流超过此值，集成运放很容易损坏。

（9）开环输入电阻 r_i。电路开环情况下，差模输入电压与输入电流之比。r_i 大的运放性能好，一般在几百千欧至几兆欧。

（10）开环输出电阻 r_o。电路开环情况下，输出电压与输出电流之比。r_o 小的运放性能好，一般在几百欧。

（11）共模抑制比 K_{CMR}。电路开环情况下，差模放大倍数 A_{OD} 和共模放大倍数 A_{OC} 之比。

（12）静态功耗 P_W。电路输入端短路，输出端开路时所消耗的功率。

（13）-3dB 带宽 f_H。-3dB 带宽又称为开环带宽 BW，是指开环差模电压增益下降为直流电压增益的 $\frac{1}{\sqrt{2}}$ 倍时对应的频率，此时若电压增益用分贝表示，则电压增益变化量为 $20\lg\frac{1}{\sqrt{2}}=-3\text{dB}$，故称为-3dB 带宽。

4．理想运放及特点

在实际电路中，为分析方便，通常将集成运放视为理想器件，理想运放的条件如下。

① 开环差模电压放大倍数 $A_{od} \to \infty$；
② 差模输入电阻 $r_{id} \to \infty$；
③ 输出电阻：$r_{od} \to 0$
④ -3dB 带宽 $f_H \to \infty$；
⑤ 共模抑制比 $K_{CMRR} \to \infty$。

我们在后面讨论的运放都是理想运放，理想运放的图形符号如图 11.2.5 所示，它有两个输入端和一个输出端,"+"端表示同相输入端,"—"端表示反相输入端。信号从同相输入端输入时,输出信号电压与输入信号电压同相;信号从反相输入端输入时,输出信号电压与输入信号电压反相。为了简化电路符号,图中没有画出电源及其他外接元件的连接端,实际应用时,要按器件手册的引脚图连接电路。

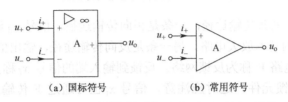

图 11.2.5 集成运放的电路符号

集成运放的工作区分为线性区和非线性区。当运放工作在线性区时,u_o 与 $(u_+ - u_-)$ 是线性关系,即:

$$u_o = A_{od}(u_+ - u_-)$$

由上式结合理想运放的条件,可得出运放工作在线性区时的两条重要结论。

(1) $u_+ = u_-$

由于 $A_{od} \to \infty$,而输出电压 u_o 为有限值,所以 $u_+ - u_- = \dfrac{u_o}{A_{od}} \to 0$,即 $u_+ = u_-$。这表明两输入端的电位几乎相等,这种情况称为"虚短"。

(2) $i_+ = i_- = 0$

由于 $r_{id} \to \infty$,而 u_+ 和 u_- 均为有限值,故可认为两个输入端的输入电流为零,这种情况称为"虚断"。"虚短"和"虚断"是理想运放工作在线性区时的两个重要结论,也是后面分析集成运放应用电路的出发点。

当运放工作在饱和区时,根据理想条件也可得出两条结论。

① 输出电压 u_o 等于运放的最大输出电压 U_{OPP}。

当 $u_+ > u_-$ 时,$u_o = U_{OPP}$;

当 $u_+ < u_-$ 时,$u_o = -U_{OPP}$。

② 由于 $r_{id} \to \infty$,虽然 u_{id} 不等于零,但仍有 $i_+ = i_- = 0$。

综上所述,理想运放工作在线性区和非线性区时,各有不同的特点,因此,在分析含运放的电路时,必须首先判断运放工作在线性区还是非线性区。

第 3 步 了解放大电路中的负反馈

反馈是电子技术和自动控制中的一个重要概念,负反馈可以改善放大电路多方面的性能,在实用的放大电路中,几乎都采用了负反馈。

1. 反馈的基本概念和分类

1) 反馈的基本概念

所谓反馈,就是将放大电路的输出信号(电压或电流)的部分或全部,通过一定的方式,回送到电路的输入端。具有反馈的放大电路是一个闭合系统,基本组成如图 11.2.6 所示。

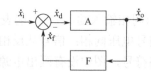

图 11.2.6 反馈放大电路的方框图

由图可见,信号有两条传输途径,一条是正向传输途径,信号 x_d 经放大电路 A 由输入端传向输出端,A 称为基本放大电路。另一条是反向传输途径,输出信号 x_o 经过电路 F 由输出端传向输入端,电路 F 称为反馈网络。反馈到输入端的信号 x_f 称为反馈信号,反馈网络中的元件 F 称为反馈元件。这时应注意,信号 x_i 也可通过 F 传输到输出端,但由于 F 无放大作用,这种正向传输对输出的影响可忽略不计。

在图 11.2.6 中,净输入信号 $x_d=x_i-x_f$,若 $x_d>x_i$,即引入反馈后,基本放大电路的输入信号增大,从而使输出信号增大,整个电路的放大倍数提高,这样的反馈称为正反馈;相反,若 $x_d<x_i$,反馈使基本放大电路的输入信号减小,从而降低整个放大电路的放大倍数,这样的反馈称为负反馈。

反馈的正、负称为反馈极性,反馈极性的判断一般采用瞬时极性法,即先假定输入信号在某一瞬时的极性,然后逐级推出放大电路中有关各点的瞬时极性,最后判断反馈到输入端的信号是增强了还是削弱了基本放大电路的输入信号。在如图 11.2.7(a)所示电路中,联系输入回路和输出回路的元件是电阻 R_E,R_E 的存在使晶体管发射极的交流电位不为零,设输入信号 u_i 的瞬时极性为 ⊕,于是晶体管基极和发射极对地电压的瞬时极性也为 ⊕,因此,引入 R_E 后,晶体管的净输入电压 u_{be} 减小了,因此,这个电路引入的反馈是负反馈。而在图 11.2.7(b)所示电路中,由于输入信号在反相输入端,因此,输入端瞬时极性为 ⊕ 时,输出端的瞬时极性为 ⊖,运放同相输入端的瞬时极性也为 ⊖,因此,引入反馈电阻 R_1 和 R_2 后,运放的净输入信号 u_d 增大了,引入的反馈是正反馈。

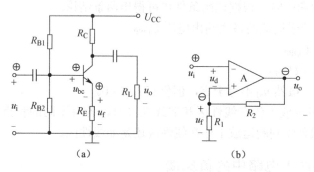

图 11.2.7 瞬时极性法判断正反馈和负反馈

2)反馈的分类

(1)直流反馈和交流反馈。

根据反馈信号的交直流性质,反馈可分为直流反馈和交流反馈。如反馈信号中只有直流成分,则称为直流反馈;如反馈信号中只有交流成分,则称为交流反馈。

在一个实用放大电路中,往往同时存在直流负反馈和交流负反馈,直流负反馈的作用是稳定工作点,对动态性能无影响;交流负反馈的作用是改善电路的动态性能。下面我们将看到不同类型的交流负反馈对放大电路的动态性能的影响是不同的。本节主要讨论交流负反馈。

(2) 电压反馈和电流反馈。

根据反馈信号在输出端采样方式的不同，反馈可分为电压反馈和电流反馈。如反馈信号取自输出电压，则称为电压反馈；如反馈信号取自输出电流，则称为电流反馈。这里要注意的是，电压反馈和电流反馈并不是由反馈信号是电压还是电流决定的，而是由反馈信号的来源决定的。判断电压反馈和电流反馈的方法是：将输出电压置零（即设输出电压等于零），若反馈信号也为零，则为电压反馈；若反馈信号不为零，则为电流反馈。如在图 11.2.7（a）所示电路中，输出电压 u_o 为零时，反馈元件 R_E 上的交流压降 $u_f=R_E i_e$ 仍存在，即反馈信号不为零，故是电流反馈；而在图 11.2.7（b）所示电路中，当输出电压为零时，同相输入端的对地电压也为零，反馈消失，故是电压反馈。

在放大电路中，引入电压负反馈，将使输出电压保持稳定，引入电流负反馈，将使输出电流保持稳定。

(3) 串联反馈和并联反馈。

根据反馈信号与输入信号在输入端的连接形式的不同，反馈可分为串联反馈和并联反馈。如反馈信号与输入信号在输入端串联，则为串联反馈；若并联，则为并联反馈。由于不同的电压信号不能并联，只能串联，而不同的电流信号不能串联，只能并联，所以，对串联反馈，反馈信号是电压，对并联反馈，反馈信号是电流。

在图 11.2.7 所示的两个电路中，反馈信号与输入信号在输入回路串联，净输入信号 u_{be} 和 u_d 等于 $u_i+(-u_f)$，故为串联反馈。在图 11.2.8 所示电路中，联系输入输出回路的反馈元件是 R_F 和 R_{E2}，由于 R_F 和 R_{E2} 的存在，使 i_f 不等于零，从而改变了晶体管的净输入电流 i_b，由于 i_f 和 i_i 是以并联形式叠加的，即 $i_b=i_i+(-i_f)$，所以是并联反馈（对级间反馈而言）。

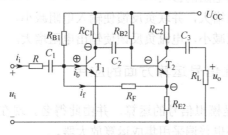

图 11.2.8 电流并联负反馈

3) 负反馈的四种组态

根据反馈信号在输出端的采样方式以及在输入端与输入信号的连接形式，负反馈有四种组态，即电压串联负反馈、电压并联负反馈、电流串联负反馈和电流并联负反馈，其典型电路如图 11.2.9 所示。

在图 11.2.9（a）和 11.2.9（b）所示电路中，若将输出电压置零，则反馈消失，因此是电压反馈，而在图 11.2.9（c）和 11.2.9（d）所示电路中，$u_o=0$ 时，反馈不消失，故是电流反馈。在图 11.2.9（a）和 11.2.9（c）所示电路中，反馈信号以电压形式与输入信号串联，净输入电压 u_d 小于总输入电压 u_i，故是串联负反馈。在图 11.2.9（b）和 11.2.9（d）所示电路中，反馈信号以电流形式与输入信号并联，净输入电流 i_d 小于总输入电流 i_i，故是并联负反馈。

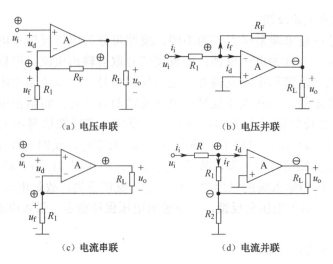

图 11.2.9 负反馈的四种组态

2. 负反馈对放大电路性能的影响

（1）放大倍数降低。
（2）放大倍数的稳定性得到提高。
（3）非线性失真和抑制干扰减小。
（4）频带展宽。
（5）对输入电阻和输出电阻的影响。

串联负反馈使输入电阻增大，并联负反馈使输入电阻减小。

电压负反馈使输出电阻减小，电流负反馈使输出电阻增大。

■ 第 4 步 集成运放在信号运算方面的应用

集成运放的最早应用是模拟信号的运算，并由此得名。现在，除信号运算电路外，信号处理电路，信号发生电路也普遍采用集成运算放大器。

在对含集成运放的电路进行分析时，集成运放一般可视作理想运放，因此，当运放工作在线性区时，有 $u_+=u_-$ 和 $i_+=i_-$，即运放的两个输入端为"虚短"和"虚断"；当运放工作在非线性区时，如 $u_+>u_-$，则 $u_o=+U_{opp}$，如 $u_+<u_-$，则 $u_o=-U_{opp}$，并仍然有 $i_+=i_-=0$。这是我们分析含集成运放电路的基本出发点。

比例运算电路：输出信号电压与输入信号电压存在比例关系的电路。比例运算电路是最基本的运算电路，是其他运算电路的基础。按输入方式的不同，比例运算电路分为反相比例和同相比例运算两种。

1. 反相比例运算电路

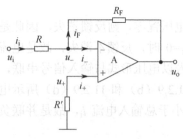

图 11.2.10 反相比例运算电路

图 11.2.10 所示电路为反相比例运算电路，信号从反相端输入，同相端通过一电阻接地，反馈电阻 R_F 跨接在输入端和输出端之间，形成深度电压并联负反馈，因此

运放工作在线性区。

由于运放的两个输入端实际上是运放输入级差分对管的基极，为使差动放大电路的参数保持对称，应使差分对管基极对地的电阻尽量一致。因此 R' 的取值为 $R'=R//R_F$，R' 称为平衡电阻。由于运放工作在线性区，由"虚断"和"虚短"可得：$u_+=u_-=-R'\,i_+=0$，这种现象称为"虚地"。由"虚断"可得 $i_i=i_F$，即

$$\frac{u_i-u_-}{R}=\frac{u_--u_o}{R_F}$$

将 $u_-=0$，代入上式得：

$$u_o=-\frac{R_F}{R}u_i$$

输出电压与输入电压成反相比例关系。

2. 同相比例运算电路

图 11.2.11 所示为同相比例运算电路，信号从同相端输入，反馈电阻仍接在反相端和输出端之间，形成串联电压负反馈，平衡电阻 R' 的取值为 $R'=R//R_F$，由"虚短"和"虚断"可得

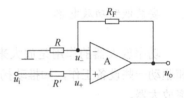

图 11.2.11 同相比例运算电路

$$u_-=u_+=u_i$$

$$\frac{u_o-u_-}{R_F}=\frac{u_-}{R}$$

解得：$u_o=(1+\dfrac{R_F}{R})u_i$

输出电压与输入电压成同相比例关系。

习题

1. 集成运放是有源器件还是无源器件？使用时应注意什么？
2. 某高精度运放的开环差模增益是 130dB，用十进制数表示是多少？
3. 什么是理想运算放大器？理想运算放大器工作在线性区和非线性区时各有何特点？
4. 什么是负反馈？如何判断正反馈和负反馈？
5. 什么是电压负反馈？什么是电流负反馈？如何判断电压反馈和电流反馈？
6. 如何判断串联负反馈和并联负反馈？
7. 一般我们要求电压放大器有较高的输入电阻和较低的输出电阻，为此，在放大电路中应引入何种组态的负反馈？
8. 在运算电路中，集成运放应工作在线性区还是非线性区？为什么？
9. 什么叫做"虚地"？"虚地"能否发生同相比例在反相比例或同相比例电路中？为什么？

*项目 3 低频功率放大器的安装与测试

学习目标

1. 了解低频功率放大电路的基本要求和分类。
2. 了解典型功放集成电路的引脚功能及应用。

工作任务

安装低频功放电路。

功率放大器的作用是放大来自前放大器的信号,产生足够的不失真输出功率,以控制和驱动一些设备工作,如推动扬声器发声等。能输出低频大功率信号的放大器,称为低频功率放大器。

▍第 1 步 安装低频功率放大电路

图 11.3.1 为一 OTL 低频功率放大电路装配图,按照如下操作步骤完成此电路安装与测量。

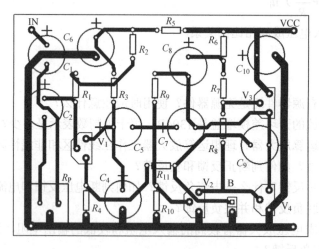

图 11.3.1 低频功率放大电路参照装配图

(1) 根据装配图及元件清单将各元件安装到所在位置。
(2) 元件清单如表 11.3.1 所示。

表 11.3.1 元件清单

序 号	名 称	型号规格	数 量	元件标号
1	电阻	47kΩ	1	R_1
2	电阻	3.9kΩ	1	R_2

续表

序号	名称	型号规格	数量	元件标号
3	电阻	2.7kΩ	1	R_3
4	电阻	6.2Ω	1	R_4
5	电阻	100Ω	1	R_5
6	电阻	150Ω	1	R_6
7	电阻	680Ω	1	R_7
8	电阻	51Ω	1	R_8
9	电阻	13kΩ	1	R_9
10	电阻	5.1kΩ	1	R_{10}
11	电阻	2kΩ	1	R_{11}
12	电位器	4.7kΩ	1	R_P
13	电容	10μF/16V	3	C_1、C_2、C_5
15	电容	0.01μF/16V	1	C_4
16	电容	100pF	1	C_6
17	电容	6800pF	1	C_7
18	电容	100μF/16V	2	C_8、C_9
19	电容	220μF/16V	1	C_{10}
20	三极管	9014	2	V_1、V_2
21	三极管	9013	1	V_3
22	三极管	9012	1	V_4
24	扬声器	5W/8Ω	1	B

（3）调试测量。

① 调整静态工作点。调节 R_P，使中点电压为 3V，测出整机静态电流，三极管各脚电压，记入表 11.3.2 中。

表 11.3.2　测量点记录表

测量点	电压值		
	V_E	V_B	V_C
V_1			
V_2			
V_3			
V_4			

② 幅频特性的测量。保持输入信号（V_i=5mV）不变，改变输入信号的频率，测出相应的输出电压，计算出放大倍数，并记入表 11.3.3 中。

表 11.3.3　测试记录表

F（Hz）	10	50	200	500	1k	5k	10k	100k	500k	800k
V_O（mV）										
A_V										

第 2 步 了解低频功率放大电路的基本要求和分类

链接

图 11.3.2 是互补对称式 OTL 电原理图。

一个性能良好的功率放大器应满足下列几点基本要求：

（1）信号失真小；

（2）有足够的输出功率；

（3）效率高；

（4）散热性能好。

功率放大器的种类繁多，且有不同的分类方法。

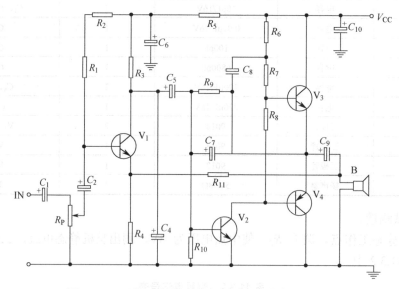

图 11.3.2 互补对称式 OTL 低频功率放大电路原理图

1. 按输出级分类

（1）有输出变压器的功放电路。

这种电路效率低、失真大、频响曲线难以平坦，在高保真功率放大器中已极少使用。

（2）无输出变压器的功放电路（OTL 电路）。

OTL 电路是一种输出级与扬声器之间采用电容耦合的无输出变压器功放电路，其大容量耦合电容对频响也有一定影响，是高保真功率放大器的基本电路。

（3）无输出电容器的功放电路（OCL 电路）。

OCL 电路是一种输出级与扬声器之间无电容而直接耦合的功放电路，频响特性比 OCL 好，也是高保真功率放大器的基本电路。

（4）桥接无输出变压器的功放电路（BTL 电路）。

BTL 电路是一种平衡无输出变压器功放电路，其输出级与扬声器之间以电桥方式直接耦合，因而又称为桥式推挽功放电路，也是高保真功率放大器的基本电路。

2. 按功率管的工作状态分类

甲类：甲类又称为 A 类。在输入正弦电压信号的整个周期内，功率管一直处于导通工作状态。其特点是失真小，但效率低、耗电多。

乙类：乙类又称为 B 类。每只功率管导通半个周期，截止半个周期，两只功率管轮流工作。其特点是失真小，但效率低、耗电多。

甲乙类：甲乙类又称为 AB 类。每只功率管导通时间大于半个周期，但又不足一个周期，截止时间小于半个周期，两只功率管推挽工作。这种电路可以避免交越失真，因而在高保真功率放大器中应用最多。

其他新方式：为了让功率放大器兼有甲类放大器的低失真和乙类放大器的高效率，除了甲乙类外，近年来还出现一些新型功率放大器电路，如超甲类、新甲类电路等。这些电路的名称虽然不同，但所采取的措施是一样的：一是使功率管不工作在截止状态，没有开关过程，可以减少失真；二是设法使功率管的工作点随输入信号大小滑动，进行动态偏置，以提高效率。

3. 按所用的有源器件分类

按所用的有源器件功率放大器可以分为晶体管功率放大器、场效管功率放大器、集成电路功率放大器及电子管功率放大器等。

目前三种功率放大器应用广泛，但在高保真音响系统中，电子管功率放大器仍有一席之地。特别是由于其对数字音响系统的特殊适应性，近年来在优质音响设备中更有长足的发展。

■ 第 3 步 了解典型功放集成电路的引脚功能及应用

1. LM386 集成功率放大器的应用电路

LM 386 是一种低电压通用型音频集成功率放大器，广泛应用于收音机、对讲机和信号发生器中。

LM 386 的外形与引脚图如图 11.3.3 所示，它采用 8 脚双列直插式塑料封装。引脚 2 为反相输入端，3 为同相输入端；引脚 5 为输出端；引脚 6 和 4 分别为电源和地；引脚 1 和 8 为电压增益设定端；使用时在引脚 7 和地之间接旁路电容，通常取 $10\mu F$。

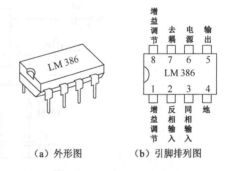

图 11.3.3 LM 386 外形与引脚排列

图 11.3.4 所示为用 LM 386 组成的 OTL 功放电路，信号从 3 脚同相输入端输入，从 5 脚经耦合电容（$220\mu F$）输出。1 脚与 8 脚所接电容、电阻是用于调节电路的闭环电压增益，电容取值为 $10\mu F$，电阻 R 在 $0\sim20k\Omega$ 范围内取值；改变电阻值，可使集成功放的电压放大倍数在 $20\sim200$ 之间变化，R 值越小，电压增益越大。当需要高增益时，可取 $R=0$，只将一只 $10\mu F$ 电容接在 1 脚与 8 脚之间即可。输出端 6 脚所接 10Ω 电阻和 $0.1\mu F$ 电容组成阻抗校正网络，抵消负载中的感抗分量，防止电路自激，有时也可省去不用。该电路如用作收音机的功放电路，输入端接收音机检波电路的输出端即可。

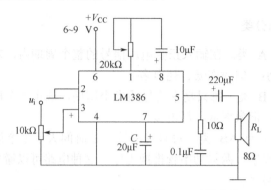

图 11.3.4　LM 386 组成的 OTL 功放电路

2. 集成功放 TDA2030 及其应用

（1）集成功放 TDA2030 主要技术指标及引脚排列。TDA2030 集成功率放大器，是一种音频功放质量较好的集成块，与性能类似的其他产品相比，具有引脚数最少、外接元件很少

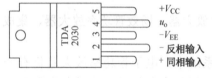

图 11.3.5　TDA2030 引脚排列

的优点。它的电气性能稳定、可靠、适应长时间连续工作，且芯片内部具有过载保护和热切断保护电路。该芯片适用于收录机及高保真立体扩音装置中作音频功率放大器。

TDA2030 引脚排列如图 11.3.5 所示。

（2）TDA2030 实用电路。TDA2030 接成 OCL（双电源）典型应用电路如图 11.3.6 所示。

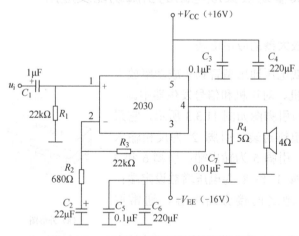

图 11.3.6　TDA2030 双电源典型应用电路

图 11.3.6 中 C_5、C_6 为电源低频去耦电容，C_3、C_4 为电源高频去耦电容。R_4 与 C_7 组成阻容吸收网络，用以避免电感性负载产生过电压击穿芯片内功率管。为防止输出电压过大，可在输出端④脚与正、负电源接一反偏二极管组成输出电压限幅电路。

习题

1. 一个性能良好的功率放大器应满足哪几点基本要求？
2. 功率放大器按输出级分类分为哪几种？

3. 功率放大器按功率管的工作状态分类分为哪几种？
4. 功率放大器按按所用的有源器件分类分为哪几种？
5. LM386、TDA2030 分别为几脚元件？它们分别常用于什么样的设备中作为功率放大器件？

*项目 4　振荡器电路的安装与测试

了解常用振荡器的主要特点。

安装三极管多谐振荡电路。

■ 安装三极管多谐振荡电路

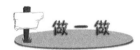

如图 11.4.1 所示电路，VT1、VT2 型号为 9013 三极管，C1、C2 为 10μF/25V 电解电容，R_1、R_4 为 1kΩ 电阻，R_2、R_3 为 82kΩ 电阻，VD1、VD2 选用两种不同颜色的发光二极管。

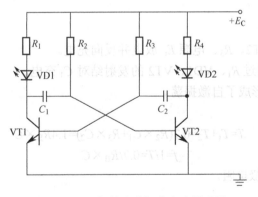

图 11.4.1　三极管多谐振荡电路原理图

在制作完成时，我们能看到两只发光二极管交替点亮，并且我们可以通过调整电路的参数来调整发光管点亮的时间。

（1）按图安装元器件。
（2）检查电路上所装配的元器件无搭锡、无装错后，方可接通电源。
（3）接通电源，发光二极管闪烁。
（4）电路正常工作后，VD1、VD2 交替发光，如果要改变间隔的长短，可以调整 R_3 和

C_2、R_3。

（5）用万用表按照表 11.4.1 要求测试相关参数。

表 11.4.1 振荡电路部分参数测试记录表

测量元件	VT1			VT2		
测试点	V_e	V_b	V_c	V_e	V_b	V_c
电压（V）						

链接

1. 三极管多谐振荡电路原理

上述实验电路是一种简单的振荡电路。它不需要外加激励信号就能连续地、周期性地自行产生矩形脉冲，该脉冲是由基波和多次谐波构成，因此称为多谐振荡器电路。多谐振荡器可以由三极管构成，也可以用 555 或者通用门电路等来构成。用两只三极管组成的多谐振荡器，通常称为三极管无稳态多谐振荡器。

1）工作原理

由于电路参数的微小差异，在开机瞬间，必然会出现一只管子饱和另一只管子截止的现象。先假设 VT1 饱和，VT2 截止。

（1）正反馈：VT1 饱和瞬间，V_{C1} 由 $+E_C$ 突变到接近于零，迫使 VT2 的基极电位 V_{B2} 瞬间下降到接近 $-E_C$，于是 VT2 可靠截止。

（2）第一个暂稳态。

C_1 放电：C_1 通过 VT1、R_2、电源 E_C 放电并反向充电。

C_2 充电：电源 E_C 通过 R_4、VD2、VT1 的发射结对 C_2 充电。

（3）翻转：随着 C_1 放电并反向充电升高到 +0.5V 时，VT2 开始导通，通过正反馈使 VT1 截止，VT2 饱和。

（4）第二个暂稳态。

C_2 放电：C_1 通过 VT2、R_3、电源 E_C 放电并反向充电。

C_1 充电：电源 E_C 通过 R_1、VD1、VT2 的发射结对 C_1 充电。

不断循环往复，便形成了自激振荡。

2）振荡周期和频率

$$T=T_1+T_2=0.7(R_2\times C_1+R_3\times C_2)=1.4R_B\times C$$
$$f=1/T=0.7/R_B\times C$$

注：R_B 为三极管基极电阻。

2. 正弦波振荡电路

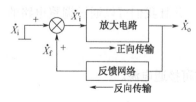

图 11.4.2 振荡电路方框图

振荡电路是指在不外加信号的条件下，放大电路就能够产生某一频率和一定幅度的输出信号，这种现象称为"自激振荡"。

图 11.4.2 是正反馈放大电路的方框图，反馈信号与输入信号同极性，且反馈信号的幅度与输入信号相同。此时"迅速"地将输入信号取消，而用正反馈信号代替

输入信号,由于正反馈信号在相位和幅度上与输入信号完全一样,放大电路仍然有输出信号存在,放大电路变成了振荡电路。

在负反馈电路中,产生自激振荡是有害的,要设法消除。而在振荡电路中,必须人为地引入正反馈,使之产生自激振荡。这种振荡必须在满足一定的条件下才能实现。

1) 振荡电路的振荡条件

正弦波振荡的起振条件为:$AF>1$。

正弦波振荡的平衡条件为:$AF=1$。

振幅平衡条件:$|AF|=1$。

相位平衡条件:$\varphi_A+\varphi_B=2n\pi$($n$ 整数)。

2) 正弦波振荡电路的组成

由上述振荡条件的讨论,可见要组成振荡电路必须要有放大电路和正反馈网络,因此放大电路和正反馈网络是振荡电路的最主要部分。但是这样两部分构成的振荡电路一般得不到正弦波,这是由于很难控制正反馈的量。如果正反馈量大,则增幅,输出幅度越来越大,最后由三极管的非线性限幅,这必然产生非线性失真。反之,如果正反馈量不足,则减幅,可能停振,为此振荡电路要有一个稳幅电路。此外,为了获得单一频率的正弦波输出,应该有选频网络,选频网络往往和正反馈网络或放大电路合二为一。选频网络有 RC 和 LC 等电抗性元件组成,正弦波振荡电路的名称一般由选频网络来命名,如 RC 振荡器、LC 振荡器等。所以,正弦波振荡电路是由放大电路、正反馈网络、稳幅电路和选频网络组成的。

3) 正弦波振荡电路分类

(1) RC 正弦波振荡电路:振荡频率较低,一般在 1MHz 以下。

(2) LC 正弦波振荡电路:振荡频率多在 1MHz 以上。

(3) 石英晶体正弦波振荡电路:振荡频率非常稳定。

4) 判断电路是否可能产生正弦波振荡的方法和步骤

(1) 观察电路是否包含了放大电路、选频网络、正反馈网络和稳幅环节四个组成部分。

(2) 判断放大电路是否能够正常工作,即是否有合适的静态工作点且动态信号是否能够输入、输出和放大。

(3) 利用瞬时极性法判断电路是否满足正弦波振荡的相位条件(正反馈)。

(4) 判断电路是否满足正弦波振荡起振条件。具体方法是:分别求解电路的 A 和 F,然后判断 AF 是否大于 1。

5) 几种常用振荡电路谐振频率

(1) RC 正弦波振荡电路。

谐振频率:
$$f_0 = \frac{1}{2\pi RC}$$

起振条件:$AF>1$,当 $f=f_0$ 时,$F=1/3$,所以当 $A>3$ 时即可起振。

(2) LC 正弦波振荡电路。

谐振频率:
$$f_0 = \frac{1}{2\pi\sqrt{LC}}$$

在实际应用中还有很多振荡电路,这里就不一一列举。

讨论

如果上述实验电路不能正常工作，应从哪些方面查找故障。

习题

一、填空题

1. 正弦波振荡电路的振幅起振条件是_____，相位起振条件是_____。
2. 在 RC 桥式振荡器中，当选频网络处于谐振时，振荡频率为_____，其相移为_____，F 等于_____。
3. RC 正弦波振荡电路振荡频率较____，一般在_____。

二、选择题

1. RC 桥式正弦波振荡电路在 $R_1=R_2=R$，$C_1=C_2=C$ 时，振荡频率 $f_0=1/RC$。（　　）
   A．正确　　　　　　　　　　　　　　B．错误
2. 在上题条件下，对于振荡频率来说，它的反馈系数 $|F|=\dfrac{1}{3}$，因此，放大电路的电压增益应当大于或等于3。（　　）
   A．正确　　　　　　　　　　　　　　B．错误
3. 从结构上来看，正弦波振荡电路是一个没有输入信号的带选频网络的正反馈放大器。（　　）
   A．正确　　　　　　　　　　　　　　B．错误
4. 只要满足相位平衡条件，且 $|AF|>1$，就能产生自激振荡。（　　）
   A．正确　　　　　　　　　　　　　　B．错误
5. 负反馈电路不可能产生自激振荡。（　　）
   A．正确　　　　　　　　　　　　　　B．错误
6. 在放大电路中，只要具有正反馈，就会产生自激振荡。（　　）
   A．正确　　　　　　　　　　　　　　B．错误
7. 振荡频率在 100Hz～1kHz 范围内的正弦波振荡电路要采用哪种类型。（　　）
   A．RC　　　　　　　　　　　　　　　B．LC
8. 振荡频率在 100Hz～20MHz 范围内的正弦波振荡电路要采用哪种类型。（　　）
   A．RC　　　　　　　　　　　　　　　B．LC

三、简答题

1. 怎样组成正弦波振荡电路？它必须包括哪些部分？
2. 如何判断振荡电路起振？

学习领域 12　数字电路常识

项目 1　数字信号的认识

 学习目标

1. 了解数字信号的特点；理解模拟信号与数字信号的区别。
2. 了解二进制的表示方法，了解二进制与十进制数之间的相互转换。
3. 了解 8421 BCD 码的表示形式。

 工作任务

1. 了解信号发生器、示波器的各旋钮的使用方法。
2. 能列举模拟信号与数字信号的实例。
3. 熟练掌握各种进制数之间的相互转换方法，能列举实际生活中应用的不同进制数。

▋ 第 1 步　了解数字电路的基本概念

用信号发生器和示波器观察正弦波电压，观察数字万用表测量的值，如图 12.1.1 所示。

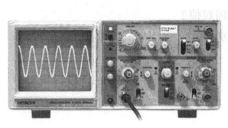

图 12.1.1　信号发生器和数字万用表

链接

1. 模拟信号和数字信号

（1）模拟信号是时间上和数值上都连续变化的信号。例如，温度的变化、声音在空气中的传播、表的指针指示的时间、正弦交流信号等。

（2）数字信号是时间上和数值上都不连续变化的离散信号。例如，数字电子表的秒信号、数字万用表测量的值、生产流水线上记录零件个数的计数信号等。

2. 模拟电路和数字电路

（1）用来产生、传输、处理模拟信号的电路称为模拟电路。
（2）用来产生、传输、处理数字信号的电路称为数字电路。

3. 数字电路的特点

（1）数字信号是二进制的数字信号，反映在电路上就是高电平和低电平两种状态，高电平通常为+3.5 V左右，低电平通常为+0.3 V左右，分别用1和0表示。

（2）数字电路研究的主要问题是输入信号的状态与输出信号的状态之间的因果关系，称为逻辑关系，也就是电路的逻辑功能。

（3）研究数字电路逻辑关系的主要工具是逻辑代数。逻辑代数包括了用真值表、表达式、逻辑图、波形图、卡诺图等方法表示电路的逻辑功能，主要方法是逻辑分析和逻辑设计。

数字电路与模拟电路相比较具有：结构简单，便于集成化，抗干扰能力强；处理功能强，能实现各种算法，按照人们设计好的电路进行逻辑推理和逻辑判断；容易存储、加/解密、压缩、传输和再现等优点。

重要提示

数字信号的0和1没有大小之分，只代表两种对立状态，称为逻辑0和逻辑1，也称为二值数字逻辑。

1. 高电平和低电平是绝对值还是相对值？
2. 正逻辑体制与负逻辑体制的区别？

一、填空题

1. 同模拟电路相比，数字信号的特点是它的_____性。一个数字信号只有____种取值，分别表示为____和____。

2. 数字电路的研究对象是电路_____和_____之间的逻辑关系，分析数字电路的工具是_____。

3. 数字信号采用负逻辑时，"1"表示_____，而"0"表示_____。

二、判断题

1. 逻辑代数中的"0"和"1"是代表两种不同的逻辑状态，并不表示数值的大小。

（　　）

2. 对于同一逻辑电路，既可以采用正逻辑体制，也可以采用负逻辑体制，但它们表示同一电路的逻辑功能是相同的。

（　　）

▮ 第2步　掌握各种数制间的相互转换，了解 BCD 码的含义

列举数学和计算机中的数制；

110 的几种读法，在各种进制中代表的值；

688=6×100+8×10+8×1。

 链接

1. 数制

（1）十进制数。

有 0、1、2、3、4、5、6、7、8、9 共 10 个数码，基数为 10，按"逢十进一"、"借一当十"的规律计数。

在十进制数中，每一位数码的值都是该位数码乘上 10 的某次幂，而 10 的指数与数码的位置有关。10 的某次幂 10^i（i=0、1、2…）称为第 i 位的权，将不同位数的数值相加求和就得到所要表示的十进制数。

$688=6×10^2+8×10^1+8×10^0$

（2）二进制数。

只有 0、1 两个数码，基数为 2，按"逢二进一"、"借一当二"的规律计数。

10 读作"壹零"　　　　　　$10=1×2^1+0×2^0$

（3）二进制数的四则运算。

0+0=0　　　0+1=1+0=1　　　1+1=10

0×0=0　　　0×1=1×0=0　　　1×1=1

例如，二进制数 1011+1001=10100。

（4）数制转换。

将二进制数转换为十进制数——按权展开相加。例如：

$(11010)_2=1×2^4+1×2^3+0×2^2+1×2^1+0×2^0=(26)_{10}$

将十进制正整数转换为二进制数——除2倒取余法。例如：

$(35)_{10}=(100011)_2$

2. 编码

（1）编码概念。用一定位数的二进制数码的组合来表示各种文字、字母、标点符号等，建立代码与信息之间的一一对应关系称为编码。

（2）BCD 码。二—十进制码又称为 BCD 码，它是用四位二进制数组成一组代码来表示一位十进制数。十进制数的基数是 10，四位二进制数共有 2^4=16 种不同组合。

8421BCD 码是最基本的一种有权码,各位的权分别是 8、4、2、1。例如:

$(0101)_{8421BCD}=0\times8+1\times4+0\times2+1\times1=(5)_{10}$

拓展

1. 八进制数

(1) 数码为 0、1、2、3、4、5、6、7,基数为 8,按"逢八进一"的规律计数。例如:

$(567)_8=5\times8^2+6\times8^1+7\times8^0=(375)_{10}$

(2) 二进制数与八进制数的转换。

每一位八进制数用对应的 3 位二进制数表示。例如:

$(567)_8=(101\ 110\ 111)_2$

将二进制数从低位起每 3 位分成一组,最高位不够 3 位数时补零,写出对应的八进制数。例如:

$(10101000)_2=(010\ 101\ 000)_2=(250)_8$

2. 十六进制数

(1) 数码为 0~9、A、B、C、D、E、F。基数为 16,按"逢十六进一"的规律计数。例如:

$(2EA)_{16}=2\times16^2+14\times16^1+10\times16^0=(8426)_{10}$

(2) 二进制数与十六进制数的转换。

每一位十六进制数用对应的 4 位二进制数表示。例如:

$(96E)_{16}=(1001\ 0110\ 1110)_2$

将二进制数从低位起每 4 位分成一组,最高位不够 4 位数时补零,写出对应的十六进制数。例如:

$(10110010101011)_2=(0010\ 1100\ 1010\ 1011)_2=(2CAB)_8$

重要提示

在使用时,常将各种数制用简码来表示。例如,十进制数用 D 表示或省略;二进制数用 B 表示;十六进制数用 H 表示。

BCD 码用四位二进制码表示的只是十进制数的一位。如果是多位十进制数,应该先将每一位用 BCD 码表示,然后组合起来。

1. 十进制数与八进制数、十六进制数之间如何互换?
2. 5421 码与 8421、2421 码的区别?

一、完成下列数制转换

1. $(10101)_2=($ $)_{10}$

2. （405）₁₀=（　　　　　　　　）₂
3. （100111101011）₂=（　　　　　　）₈=（　　　　　　）₁₆
4. （377）₈=（　　　　　　　　）₂
5. （F8A）₁₆=（　　　　　　　　）₂

二、完成下列十进制和 BCD 码间转换

1. （315）₁₀=（　　　　　　　）₈₄₂₁BCD
2. （011000010111）₈₄₂₁BCD=（　　　　　）₁₀
3. （100100111000）₅₄₂₁BCD=（　　　　　）₁₀

三、完成下列二进制数运算

1. 101101+100111=
2. 110×1001=
3. 11100−101=
4. 11100÷101=

项目 2　逻辑门电路的测试

学习目标

1. 了解与门、或门、非门等基本逻辑门。
2. 了解与非门、或非门、与或非门等组合逻辑门的逻辑功能。
3. 了解 TTL 门电路的型号及其使用常识。
4. 了解 CMOS 门电路的型号及其使用常识，能识别引脚，掌握其安全操作的方法。

工作任务

1. 能识别逻辑门电路图符号。
2. 验证逻辑门的逻辑功能。
3. 学会识别 TTL 门电路、CMOS 门电路的引脚。

■ 第 1 步　了解基本逻辑门电路的逻辑功能

一个简单的指示灯控制电路，观察如图 12.2.1～图 12.2.3 所示情况下灯（L）是否亮（要发生的事件）与开关（A、B）是否闭合（事件发生的条件）之间的关系（表 12.2.1～表 12.2.3 所示）。

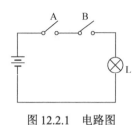

图 12.2.1 电路图

表 12.2.1 开关与灯的状态

开关 A	开关 B	灯 L
不闭合	不闭合	不亮
闭合	不闭合	不亮
不闭合	闭合	不亮
闭合	闭合	亮

结论：只有开关 A、B 都闭合时，灯 L 才会亮。

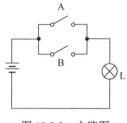

图 12.2.2 电路图

表 12.2.2 开关与灯的状态

开关 A	开关 B	灯 L
不闭合	不闭合	不亮
闭合	不闭合	亮
不闭合	闭合	亮
闭合	闭合	亮

结论：只要开关 A 闭合或开关 B 闭合，灯 L 都会亮。

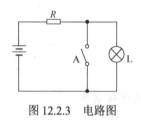

图 12.2.3 电路图

表 12.2.3 开关与灯的状态

开关 A	灯 L
不闭合	亮
闭合	不亮

结论：当开关 A 闭合时，灯 L 不亮；而当开关 A 不闭合时，灯 L 亮。

链接

数字电路实现的是逻辑关系。逻辑关系是指某事物的条件或原因与结果之间的关系。逻辑关系常用逻辑函数来描述。

1. 基本逻辑关系

（1）与。只有当决定一件事情的所有条件都具备之后，这件事情才会发生，这种因果关系称为与逻辑关系（亦称逻辑乘）。

（2）或。当决定一件事情的各个条件中，只要具备其中一个条件，这件事情就会发生，这种因果关系称为或逻辑关系（亦称逻辑加）。

（3）非。决定事情的条件具备了事情不发生，条件不具备时事情反而发生，这种因果关系称为非逻辑关系。

2. 基本逻辑门

能够实现基本逻辑关系的电子电路称为逻辑门电路，简称门电路，如表 12.2.4 所示。

表 12.2.4　基本逻辑门

名称	图形符号	软件中符号	图形符号	逻辑式	逻辑功能
二输入与门	A—&—F B	AND2 /7408	AND2	$F=A \cdot B$	有0出0 全1出1
二输入或门	A—≥1—F B	OR2 /7432	OR2	$F=A+B$	有1出1 全0出0
非门	A—1—F	NOT /7404	ONT	$F=\overline{A}$	反

第 2 步　理解复合逻辑门电路的逻辑功能

由三种最基本的门电路可以组合成其他复合门电路，如与非门、或非门、与或非门、异或门等。

链接

复合逻辑门电路符号及功能如表 12.2.5 所示。

表 12.2.5　复合逻辑门

逻辑符号	逻辑功能	真值表	逻辑符号	逻辑功能	真值表
A—&—○—Y B	$Y=\overline{AB}$ 与非	A B | Y 0 0 | 1 0 1 | 1 1 0 | 1 1 1 | 0	A—=1—Y B	$Y=A \oplus B$ 异或	A B | Y 0 0 | 0 0 1 | 1 1 0 | 1 1 1 | 0
A—≥1—○—Y B	$Y=\overline{A+B}$ 或非	A B | Y 0 0 | 1 0 1 | 0 1 0 | 0 1 1 | 0	A—=1—○—Y B	$Y=A \odot B$ 同或	A B | Y 0 0 | 1 0 1 | 0 1 0 | 0 1 1 | 1

第 3 步　熟悉 TTL 门电路的型号

观察几个常用的 TTL 集成门电路，了解它们的引脚图，如图 12.2.4 所示。

图 12.2.4　TTL 集成门电路外形

74LS00（2 输入四与非门）、74LS02（四 2 输入或非门）、74LS04（非门）、74LS32（异或门）的引脚图，如图 12.2.5 所示。

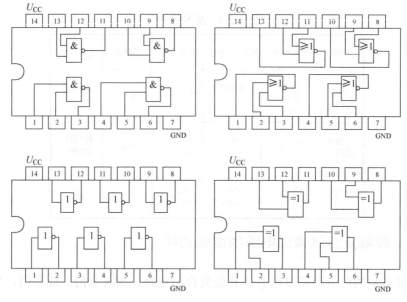

图 12.2.5　引脚图

链接

集成逻辑门电路是最简单、最基本的数字集成元件。任何复杂的组合电路和时序电路都可用逻辑门通过适当的组合连接而成。TTL 集成电路由于工作速度高、输出幅度较大、种类多、不易损坏而使用较广，特别对学生进行实验论证，选用 TTL 电路比较合适。

TTL 电路，即晶体管－晶体管逻辑电路，该逻辑电路的内部各级均由晶体三极管构成。最常用的有 TTL 与非门、TTLOC 门及三态输出门等。

1. TTL 与非门的电压传输特性

利用电压传输特性不仅能检查和判断 TTL 与非门的好坏，还可以从传输特性上直接读出其主要静态参数，如 V_{OH}、V_{OL}、V_{ON}、V_{OFF}、V_{NH} 和 V_{NL}，如图 12.2.6 所示。

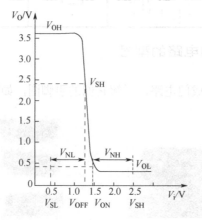

图 12.2.6　TTL 与非门的电压传输特性

2. TTL 与非门的主要参数

(1) 输出高电平 V_{OH}：是指与非门有一个以上输入端接地或接低电平时的输出电平值。空载时，V_{OH} 必须大于标准高电平（V_{SH}=2.4 V），接有拉电流负载时，V_{OH} 将下降。

(2) 输出低电平 V_{OL}：是指与非门的所有输入端都接高电平时的输出电平值。空载时，V_{OL} 必须低于标准低电平（V_{SL}=0.4 V），接有灌电流负载时，V_{OL} 将上升。

(3) 输入短路电流 I_{IS}：是指被测输入端接地，其余输入端悬空时，由被测输入端流出的电流。前级输出低电平时，后级门的 I_{IS} 就是前级的灌电流负载，一般 I_{IS}<1.6mA。

(4) 扇出系数 N：是指能驱动同类门电路的数目，用以衡量带负载的能力。

(5) 开门电平 V_{ON}：是保证输出为标准低电平 V_{SL} 时，允许的最小输入高电平值，一般 V_{ON}<1.8V。

(6) 关门电平 V_{OFF}：是保证输出为标准高电平 V_{SH} 时，允许的最大输入低电平值。

3. 数字集成电路的引脚识别及型号识别

(1) 引脚识别。从图 12.2.7 可见，引脚的识别方法是：将集成块正面（有字的一面）对准使用者，以左边凹口或小标志点"●"为起始脚，从下往上按逆时针方向向前数 1、2、3、…、n 脚。使用器件时，应在手册中了解每个引脚的作用和每个引脚的物理位置，以保证正确地使用和连线。

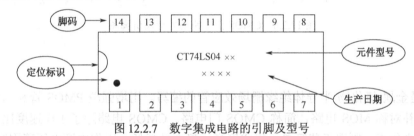

图 12.2.7　数字集成电路的引脚及型号

(2) 型号识别。如图 12.2.7 所示，每一个 TTL 数字集成电路上都印有该器件的型号，国标的 TTL 命名示例如下：

C　　T　　74LS04　C（或 M）　J（或 D 或 P 或 F）
①　　②　　③　　　④　　　　⑤

说明：① C：中国。

② T：TTL 集成电路。

③ 74：国际通用 74 系列（如果是 54，则表示国际通用 54 系列）；LS：低功耗肖特基电路；04：器件序号（04 为六反相器）。

④ C：商用级（工作温度 0～70℃）；M：-55～125℃（只出现在 54 系列）。

⑤ J：黑瓷低熔玻璃双列直插封装；D：多层陶瓷双列直插封装；P：塑料双列直插封装；F：多层陶瓷扁平封装。

如果将型号中的 CT 换为国外厂商缩写字母，则表示该器件为国外相应产品的同类型号。例如，SN 表示美国得克萨斯公司，DM 表示美国半导体公司，MC 表示美国摩托罗拉公司，HD 表示日本日立公司。

集成电路元件型号的下方有一组表示年、周数生产日期的阿拉伯数字，注意不要将元件型号与生产日期混淆。

▌第 4 步　了解 CMOS 门电路的型号

观察 CD4001（四 2 输入或非门）、CD4011（四 2 输入与非门）的外形及引脚图，如图 12.2.8 所示。

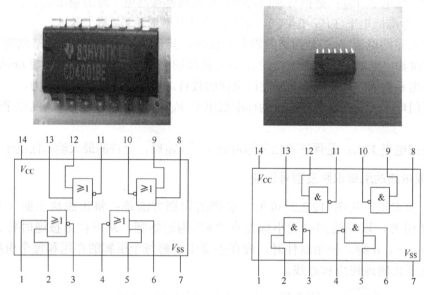

图 12.2.8　CMOS 门电路的外形及引脚图

链接

MOS 是金属-氧化物-半导体绝缘栅场效应管的缩写。用增强型 PMOS 管和 NMOS 管连接构成的互补对称 MOS 电路，简称 CMOS 门电路。CMOS 电路除了工作速度比 TTL 电路低外，有不少优点：制造工艺简单、集成度高、静态功耗低、工作电源电压范围宽、抗干扰能力强、扇出系数大、温度稳定性好等，因此目前应用广泛。

重要提示

1. TTL 集成电路的使用注意事项

（1）接插集成块时，认清定位标识，不允许插错。

（2）工作电压 5V，电源极性绝对不允许反接。

（3）闲置输入端处理。

① 悬空。相当于正逻辑"1"，TTL 门电路的闲置端允许悬空处理。中规模以上电路和 CMOS 电路不允许悬空。

② 根据对输入闲置端的状态要求，可以在 V_{CC} 与闲置端之间串入一个 1～10 kΩ 电阻或直接接 V_{CC}，此时相当于接逻辑"1"。也可以直接接地，此时相当于接逻辑"0"。

③ 输入端通过电阻接地，电阻值的大小将直接影响电路所处的状态。当 $R ≤ 680Ω$（关门电阻）时，输入端相当于接逻辑"0"；当 $R ≥ 4.7\ kΩ$（开门电阻）时，输入端相当于接逻辑"1"。对于不同系列器件，其开门电阻 R_{ON} 与关门电阻 R_{OFF} 的阻值是不同的。

（4）输出不允许直接接地和接电源，但允许经过一个电阻 R 后，再接到直流+5V，R 取 3～5.1 kΩ。除三态门和集电极开路门之外，输出端不允许并联使用。输出端一般不需作保护处理。

（5）在实验时，当输入端须改接连线时，不得在通电情况下进行操作。需先切断电源，改接连线完成后，再通电进行实验。

（6）在拔插集成块时，必须切断电源。

2．CMOS 电路使用注意事项

（1）CMOS 电路多余输入端不能悬空。对于或门、或非门，可将多余输入端直接接地；与门、与非门的多余输入端可直接接电源，切记不可悬空。否则，将造成逻辑不定状态或栅极击穿。

（2）CMOS 集成器件应在导电容器中储存和运输。切不可放在易产生静电的泡沫塑料、塑料袋或其他容器中。

（3）输入线较长或输入端有大电容时，在输入端串接限流电阻。输出端容性负载不能大于 500pF。其他注意事项同 TTL 电路。

拓展

门电路功能验证方法：为了验证某一种门电路功能，首先选定元件型号，并正确连接好元件的工作电压端。选定某种"逻辑电平输出"电路，该电路应具有多个输出端，每个端都可以独立提供逻辑"0"和"1"两种状态，将被测门电路的每个输入端分别连接到"逻辑电平输出"电路的每个输出端。选定某种具有可以显示逻辑状态"0"或"1"的电路，将被测门电路的输出端连接到这种电路的输入端上。确定连线无误后，可以上电实验，并记录实验数据，分析结果。

在"RTDZ-4 电子技术综合实验台"上以测试74LS08与门功能为例，测试74LS08与门功能就是验证该门电路的真值表。测试电路如图 12.2.9 所示，首先将电子技术实验台上的 RTDZ05 号板的"＋5 V"和"⊥"端分别对应接至实验台的 5V 直流电源输出端的"＋5V"和"⊥"端处，保证 RTDZ05 号板上的电路被提供 5 V 工作电压。

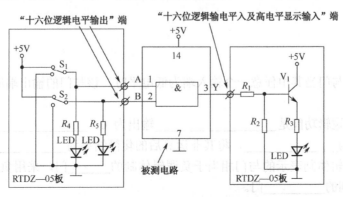

图 12.2.9　门电路功能验证连线图

74LS08 的 14 脚和 7 脚同样分别接到实验台的 5V 直流电源输出端的"＋5V"和"⊥"端处，连接好集成电路工作电压。TTL 数字集成电路的工作电压为 5V（实验允许±5%的误差），究竟哪一个引脚应接电源，需查阅该器件手册或该器件外部引脚排列图。

A、B 为被测与门的两个输入端，分别接 RTDZ-5 板的"十六位逻辑电平输出"端，该板有 16 个逻辑电平输出端，每个端均可分别输出 TTL 逻辑高电平或低电平，使用时可以任选两个输出端。Y 为与门输出端，接"十六位逻辑电平输入及高电平显示输入"端，用于显示门电路的输出状态。实验连线如图 4.2 所示，当 S_1 接"⊥"时，A 端为逻辑"0"；当 S_2 接"＋5 V"时，A 端为逻辑"1"。由于 S_1、S_2 共有四种开关位置的组合，对应了被测电路的四种输入逻辑状态，即 00、01、10、11，因而可以改变 S_1、S_2 开关的位置，观察"十六位逻辑电平输入及高电平显示输入"电路中的 LED 的亮（表示"1"）和灭（表示"0"），以真值表（表 12.2.6）的形式记录被测门电路的输出逻辑状态。

表 12.2.6　真值表

输入		输出	
A	B	Y理论	Y实测
0	0		
0	1		
1	0		
1	1		

比较实测值与理论值，比较结果一致，说明被测门的功能是正确的，门电路完好。如果实测值与理论值不一致，应检查集成电路的工作电压是否正常，实验连线是否正确，判断门电路是否损坏。

1. 除 74LS08 与门以外的其他常用逻辑门电路功能如何测试？
2. 在门电路组成的组合电路中，若输入一组固定不变的逻辑状态，则电路的输出端应按照电路的逻辑关系输出一组正确结果。若存在输出状态与理论值不符的情况，如何查找和排除故障？

一、填空题

1. 四输入端与门当其中任意一个输入端为低电平时，该与门的输出端应为_____电平。

2. 异或门的逻辑功能是_____输出为 0，_____输出为 1。逻辑函数表达式为_____，将其非运算后的化简结果为_____。

3. 采用正逻辑体制表示的与门相当于负逻辑体制的_____门，采用负逻辑体制或非门相当于正逻辑体制的_____门。

4. "两把钥匙能开同一把锁"这句话符合的逻辑关系是_____。

二、分析题

1. 图 12.2.10 是有 3 个输入信号的或门逻辑符号，写出函数式，列出真值表。

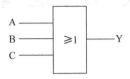

图 12.2.10　或门逻辑符号

2. 图示门电路除专门说明外，均为 TTL 电路，试判断多余输入端接法是否正确，请在对的图下打"√"，反之打"×"。

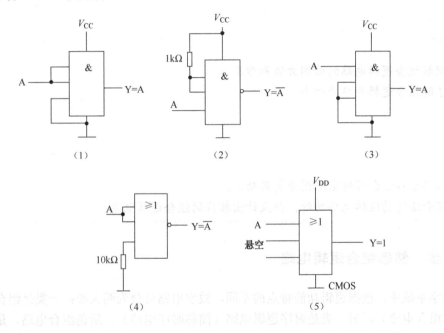

学习领域 13　逻 辑 电 路

项目 1　组合逻辑电路

 学习目标

1. 理解组合逻辑电路的读图方法和步骤。
2. 了解组合逻辑电路的种类。

 工作任务

1. 根据已知组合逻辑电路图分析其功能。
2. 领会给定的逻辑电路功能，并设计出相应的组合逻辑电路。

第 1 步　熟悉组合逻辑电路

在数字系统中，根据逻辑功能特点的不同，数字电路可分为两大类：一类是组合逻辑电路（简称组合电路），另一类是时序逻辑电路（简称时序电路）。所谓组合电路，是指电路任一时刻的输出状态只与此时刻各输入状态有关，而与前一时刻的输出状态无关，如图 13.1.1 所示。

图 13.1.1　组合电路的示意图

链接

1. 组合逻辑电路的特点

（1）从结构上看，由逻辑门组成；电路输出和输入间无反馈；没有存储元件。

（2）从逻辑功能上看，在任何时刻，电路的输出状态仅仅取决于该时刻的输入状态，而与电路的前一时刻的状态无关。

2．常用的组合逻辑电路

（1）编码器。将符号或数码按规律编排，使其代表某种特定含义的过程，称为编码。能够实现编码操作过程的器件称为编码器，其输入为被编信号，输出为二进制代码。

（2）译码器。译码是编码的逆过程，是将表示特定意义信息的二进制代码的翻译出来。实现译码功能的电路称为译码器。

（3）数据比较器。从多路输入数据中选择一路，送到输出。

（4）加法器。

■ 第2步　学会分析组合逻辑电路

如图13.1.2所示逻辑图，逻辑表达式 F_1=＿＿＿＿＿＿；
F =＿＿＿＿＿＿＿。

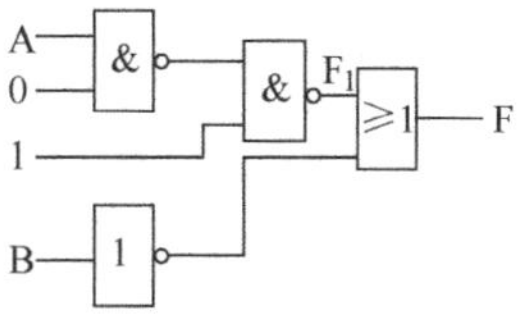

图13.1.2　逻辑图

🔍 链接

1．逻辑函数的表示方法

（1）真值表。将输入逻辑变量的所有可能取值与相应的输出变量函数值排列在一起而组成的表格。每个输入变量有0和1两种取值，n 个输入变量就有 2^n 个不同的取值组合。将输入变量全部取值组合以及相应的输出函数全部列出来，就可以得到逻辑函数的真值表。

（2）逻辑函数表达式。用与、或、非等运算关系，把输出量表示为输入量的组合，称为逻辑函数表达式。

（3）逻辑图。用逻辑符号表示逻辑函数方法。

（4）波形图。反映逻辑变量的取值随时间变化的规律。

2．逻辑代数

（1）基本公式。

（2）基本规则。

3．组合逻辑电路的分析

根据给定的逻辑图找出输出与输入之间的逻辑关系，确定电路的逻辑功能。分析组合逻辑电路的目的是为了确定已知电路的逻辑功能，或者检查电路设计是否合理。

组合逻辑电路的分析步骤如图13.1.3所示。

逻辑电路图 → 表达式 → 公式化简 → 最简表达式 → 真值表 → 逻辑功能

图13.1.3　组合逻辑电路的分析步骤

（1）根据已知的逻辑图，从输入到输出逐级写出逻辑函数表达式。

（2）利用公式法或卡诺图法化简逻辑函数表达式。

（3）列真值表，确定其逻辑功能。

例如，有一 T 形走廊，在相会处有一路灯，在进入走廊的 A、B、C 三地各有控制开关，都能独立进行控制。任意闭合一个开关，灯亮；任意闭合两个开关，灯灭；三个开关同时闭合，灯亮。设 A、B、C 代表三个开关（输入变量）；Y 代表灯（输出变量）。

解：

设：开关闭合其状态为"1"，断开为"0"；灯亮状态为"1"，灯灭为"0"。

① 列逻辑状态表：

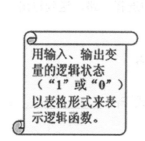

A	B	C	Y
0	0	0	0
0	0	1	1
0	1	0	1
0	1	1	0
1	0	0	1
1	0	1	0
1	1	0	0
1	1	1	1

三输入变量有 8 种组合状态；

n 输入变量有 2^n 种组合状态。

② 逻辑式：

用"与""或""非"等运算来表达逻辑函数的表达式。

由逻辑状态表写出逻辑式：

$$Y = \overline{A}\overline{B}C + \overline{A}B\overline{C} + A\overline{B}\overline{C} + ABC$$

对应 Y=1，若输入变量为"1"，则取输入变量本身（如 A）；若输入变量为"0"，则取其反变量（如 $\overline{A}$）

反之，也可由逻辑式列出状态表。

③ 逻辑图：

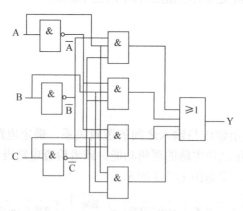

第 3 步　组合逻辑电路的设计

想一想：用与非门实现北京奥运举重比赛。

在举重比赛中，若有三名裁判，当两名以上裁判（必须包括主裁判在内），认为运动员上举杠铃合格，按动电钮，发出裁判合格信号，设计该组合电路。

🔗 链接

组合逻辑电路设计的一般步骤如图 13.1.4 所示。

图 13.1.4 组合逻辑电路设计的一般步骤

1. 进行逻辑规定

根据设计要求设计逻辑电路时，首先应分析事件的因果关系，确定输入与输出逻辑变量，并规定变量何时取 1 何时取 0，即所谓逻辑状态赋值。

2. 列真值表并写出逻辑函数式

根据输入、输出之间的因果关系，列出真值表。真值表中输出为 1 时所对应的各最小项之和就是输出逻辑函数式。

3. 对输出逻辑函数式化简

可用代数法或卡诺图法对逻辑函数式化简。输出逻辑函数式一般为与或表达式，如要求用指定的门电路实现，则须将逻辑表达式变换为相应的形式。

4. 画逻辑图

将逻辑式用门电路的符号代替，画出逻辑图。

🔗 拓展

用中规模集成电路设计一个组合电路的方法与步骤如下。
（1）根据提出的实际问题进行逻辑抽象，确定电路的输入量和输出量。
（2）列出所求函数的真值表，写出最简表达式。
（3）根据逻辑函数的功能特点和包含的变量数选择合适的集成电路器件。
（4）当所选集成电路器件的输入端数目比已求出的逻辑函数中所含变量多时，需对多余的输入端进行处理；反之，则需外用扩展端或增加门电路实现已求出的逻辑函数。
（5）画出电路连线图。

用 74LS00 与非门设计实现一个异或门电路如图 13.1.5 所示。

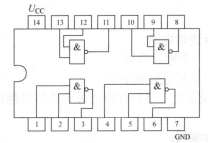

输	入	输 出
B	A	Q
0	0	0
0	1	1
1	0	1
1	1	0

图 13.1.5 用 74LS00 与非门设计实现一个异或门电路

由异或门的真值表可知:

$$Q = \bar{A}B + A\bar{B}$$
$$= \bar{A}B + A\bar{B} + A\bar{A} + B\bar{B}$$
$$= A(\bar{A}+\bar{B}) + B(\bar{A}+\bar{B})$$
$$= A\overline{AB} + B\overline{AB}$$
$$= \overline{\overline{A\overline{AB}} \cdot \overline{B\overline{AB}}}$$

即可得到用四个与非门完成异或门的逻辑表达式，逻辑图如图 13.1.6 所示。

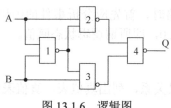

图 13.1.6　逻辑图

 习题

一、填空题

1．在如图 13.1.7 所示电路中，输出 F 对输入 A、B、C 的最简与或式为 F = ＿＿＿＿＿＿＿＿。最简或与式为 F = ＿＿＿＿＿＿＿＿。

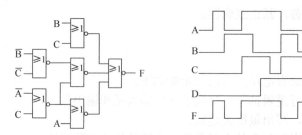

图 13.1.7　组合逻辑电路及时序图

2．已知某组合电路的输入 A、B、C、D 及输出 F 的波形如图所示，则 F 对 A、B、C、D 的最简逻辑表达式为：F ＿＿＿＿＿＿＿＿＿＿＿＿＿＿＿＿。

3．常用的组合逻辑电路有＿＿＿＿＿、＿＿＿＿＿＿、＿＿＿＿＿＿、＿＿＿＿＿。

4．真值表就是将＿＿＿＿的各种可能取值和相应的＿＿＿＿＿排列在一起而组成的表格。

5．组合逻辑电路的设计步骤为：（1）＿＿＿＿＿＿＿＿；（2）＿＿＿＿＿＿＿＿；（3）简化和变换逻辑表达式，从而画出逻辑图。

二、判断题

1．编码器，译码器，数据选择器都属于组合逻辑电路。　　　　　　　　　（　　）

2．组合逻辑电路正常工作，n 个输入端只有一个输入信号。　　　　　　　（　　）

3．数据选择器能从多个输入信号中选择 2 个信号送到输出端。　　　　　　（　　）

4．用二进制代码表示某一信息称为编码。反之把二进制代码所表示的信息翻译出来称为译码。　　　　　　　　　　　　　　　　　　　　　　　　　　　　　　（　　）

5．某一时刻编码器只能对一个输入信号进行编码。　　　　　　　　　　　（　　）

三、选择题

1．组合逻辑电路任何时刻的输出信号与该时刻的输入信号（　　），与电路原来所处的状态（　　）。

 A．无关，无关 B．无关，有关 C．有关，无关 D．有关，有关

2．图13.1.8电路为一种二极管—三极管的逻辑门，它的逻辑符号为（　　）。

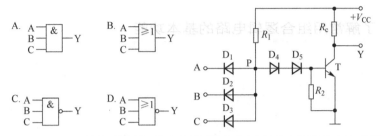

图13.1.8 二极管—三极管的逻辑门

3．如图13.1.9所示逻辑电路其逻辑表达式为（　　）。

 A．$Y = A + B$
 B．$Y = (A \cdot B)(A + B)$
 C．$Y = (A \cdot B)$
 D．$Y = \overline{(A \cdot B) \cdot (A + B)}$

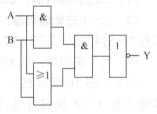

图13.1.9 逻辑电路

四、分析题

1．某工厂有A、B、C三个车间和一个自备电站，站内有两台发电机G1和G2。G1的容量是G2的两倍。如果一个车间开工，只需G2运行即可满足要求；如果两个车间开工，只需G1运行，如果三个车间同时开工，则G1和G2均需运行。试画出控制G1和G2运行的逻辑图。

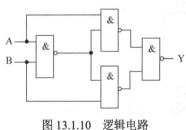

图13.1.10 逻辑电路

2．根据图13.1.10所示逻辑电路，写出该电路的逻辑函数表达式，列出真值表，并分析其逻辑功能。

3．设计一个三变量奇偶检验器。要求:当输入变量A、B、C中有奇数个同时为"1"时，输出为"1"，否则为"0"。用"与非"门实现。

项目2 触发电路的制作

学习目标

1．了解编码器的基本功能。
2．了解译码器的基本功能。
3．了解半导体数码管的基本结构和工作原理。
4．了解基本RS触发器的电路组成。
5．了解同步RS触发器的特点、时钟脉冲的作用，了解其逻辑功能。

工作任务

1. 正确使用典型集成编码电路、典型集成译码电路、典型集成译码显示器。
2. 会搭接 RS 触发器电子控制电路。

第 1 步 了解常用组合逻辑电路的基本功能

链接

1. 编码器

按照被编码信号的不同特点和要求,编码器也分成以下三类。

(1) 二进制编码器:如用门电路构成的 4-2 线、8-3 线编码器等。

(2) 二-十进制编码器:将十进制的 0~9 编成 BCD 码,如 10 线十进制-4 线 BCD 码编码器 74LS147 等,如图 13.2.1 所示。

(3) 优先编码器:如 8-3 线优先编码器 74LS148 等。

例如,将 10 线-4 线(十进制-BCD 码)编码器 74LS147 集成片插入 IC 空插座中,引脚输入端 1~9 通过开关接高低电平(开关开为"1"、关为"0"),输出 Q_D、Q_C、Q_B、Q_A 接 LED 发光二极管。接通电源,按表 13.2.1 输入各逻辑电平,观察输出结果并填入表 13.2.1 中。

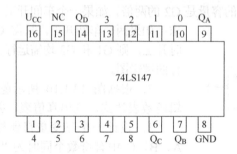

图 13.2.1　74LS147 编码器

表 13.2.1　真值表

输入									输出			
1	2	3	4	5	6	7	8	9	Q_D	Q_C	Q_B	Q_A
1	1	1	1	1	1	1	1	1	1	1	1	1
×	×	×	×	×	×	×	×	0				
×	×	×	×	×	×	×	0	1				
×	×	×	×	×	×	0	1	1				
×	×	×	×	×	0	1	1	1				
×	×	×	×	0	1	1	1	1				
×	×	×	0	1	1	1	1	1				
×	×	0	1	1	1	1	1	1				
×	0	1	1	1	1	1	1	1				

注:表中×为状态随意。

2. 译码器

译码器是组合电路的一部分，是把代码的特定含义"翻译"出来的过程，而实现译码操作的电路称为译码器电路。译码器分成三类：

（1）二进制译码器：如中规模 2-4 线译码器 74LS139、3-8 线译码器 74LS138 等。

（2）二-十进制译码器：实现各种代码之间的转换，如 BCD 码-十进制译码器 74LS145 等。

（3）显示译码器：用来驱动各种数字显示器，如共阴数码管译码驱动 74LS48（或 74LS248）、共阳数码管译码驱动 74LS47（或 74LS247）等。

3. 半导体数码管

发光二极管（LED）由特殊的半导体材料砷化镓、磷砷化镓等制成，可以单独使用，也可以组装成分段式或点阵式 LED 显示器件（半导体显示器）。

分段式显示器（LED 数码管）由 7 条线段围成"8"字形，每一段包含一个发光二极管。外加正向电压时二极管导通，发出清晰的光，有红、黄、绿等色。只要按规律控制各发光段的亮、灭，就可以显示各种字形或符号。图 13.2.2（a）是共阴式 LED 数码管的原理图，图 13.2.2（b）是其表示符号。使用时，公共阴极接地，7 个阳极 a～g 由相应的 BCD 七段译码器来驱动（控制），如图 13.2.2（c）所示。同理，根据组成 0～9 这 10 个字形的要求可以列出七段译码器的真值表如表 13.2.2 所示。

数码管的引脚排列，如图 13.2.3 所示。对于单个数码管来说，从它的正面看进去，左下角那个脚为 1 脚，以逆时针方向依次为 1～10 脚，左上角那个脚便是 10 脚了，图 13.2.3 中的数字分别与这 10 个引脚一一对应。注意，3 脚和 8 脚是连通的，这两个都是公共脚。

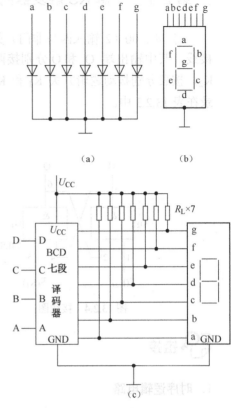

图 13.2.2 共阴式 LED 数码管

表 13.2.2 BCD 七段译码器真值表

输入				输出							字形
D	C	B	A	a	b	c	d	e	f	g	
0	0	0	0	1	1	1	1	1	1	0	0
0	0	0	1	0	1	1	0	0	0	0	1
0	0	1	0	1	1	0	1	1	0	1	2
0	0	1	1	1	1	1	1	0	0	1	3
0	1	0	0	0	1	1	0	0	1	1	4
0	1	0	1	1	0	1	1	0	1	1	5
0	1	1	0	1	0	1	1	1	1	1	6
0	1	1	1	1	1	1	0	0	0	0	7
1	0	0	0	1	1	1	1	1	1	1	8
1	0	0	1	1	1	1	1	0	1	1	9

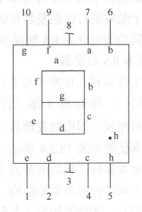

图 13.2.3 数码管的引脚排列

第 2 步　了解 RS 触发器的电路及逻辑功能

将 74LS00（2 输入四与非门）集成片插入 IC 空插座中，接上电源和地线。按图 13.2.4 接线，其中输出端 Q 和 $\bar{Q}$ 分别接两只发光二极管，输入端 S、R 分别接逻辑开关 K_1、K_2，按表分别拨动逻辑开关 K_1 和 K_2，输入 S 和 R 的状态，观察输出 Q 和 $\bar{Q}$ 的状态并记录在表 13.2.3 中。

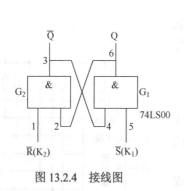

图 13.2.4　接线图

表 13.2.3　真值表

$\bar{R}$	$\bar{S}$	Q	$\bar{Q}$
1	1→0		
	0→1		
1→0	1		
0→1	1		
0	0		

链接

1. 时序逻辑电路

（1）特点：任意时刻电路的输出不但取决于这一时刻的输入信号，而且还与电路输入信号前的状态有关。

（2）组成：时序电路包括组合电路和存储电路两部分，存储电路用于存储电路的状态（反映输入信号前的状态对电路的影响），通常必不可少。

2. 触发器

触发器是具有记忆作用的基本单元，在时序电路中是必不可少的。

按电路结构形式可分为基本 RS 触发器和时钟触发器两大类。在时钟触发器中又可进一步分为电子触发的时钟触发器和边沿触发器两种类型。

按逻辑功能可分为 RS 触发器、JK 触发器、D 触发器和 T 触发器等。

1) 基本 RS 触发器

（1）工作原理。由两个与非门交叉耦合构成。$\bar{R}_D$、$\bar{S}_D$ 是两个输入端，$\bar{R}_D$ 端称为置 0 端（复位端），称 $\bar{S}_D$ 置 1 端（置位端）。Q 及 $\bar{Q}$ 是两个输出端，正常工作时，触发器的 Q 和 $\bar{Q}$ 应保持相反，因而触发器具有两个稳定状态，如图 13.2.5 所示。

（2）真值表如表 13.2.4 所示。

时钟触发器按逻辑功能分为五种：①RS；② D；③ JK；④ T；⑤ T′。它们的触发方式往往取决于该时钟触发器的结构，通常有三种不同的触发方式：①电平触发（高电平触发、低电平触发）；②边沿触发（上升沿触发、下降沿触发）；③主从触发。

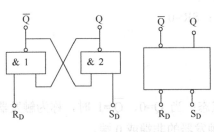

图 13.2.5 基本 RS 触发器

表 13.2.4 真值表

$\overline{R}_D$	$\overline{S}_D$	Q	$\overline{Q}$
0	0	不定	
0	1	0	1
1	0	1	0
1	1	不变	

例如，如图 13.2.6（a）所示的基本 RS 触发器电路中，若 $\overline{S}_D$ 和 $\overline{R}_D$ 的电压波形如图 13.2.6（b）所示，试画出 Q 和 $\overline{Q}$ 端对应的电压波形。

解：

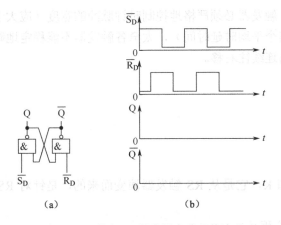

图 13.2.6 基本 RS 触发器电路及其波形

2）钟控同步 RS 触发器

（1）工作原理。输入信号只在某一特定的时刻起作用，即按一定的节拍将输入信号反映在触发器的输出端，这就需要增加一个控制端，只有在控制端作用脉冲时触发器才能动作，至于触发器输出变为什么状态，仍由输入端 R 及 S 的信号决定，这种触发器称为时钟 RS 触发器或钟控 RS 触发器，如图 13.2.7 所示。真值表如表 13.2.5 所示。

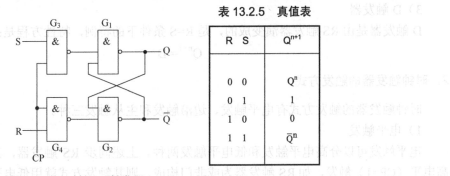

图 13.2.7 时钟 RS 触发器

表 13.2.5 真值表

R	S	Q^{n+1}
0	0	Q^n
0	1	1
1	0	0
1	1	$\overline{Q}^n$

(2）特性方程为：

$$\begin{cases} Q^{n+1}=S+\overline{R}Q^n \\ 约束条件：SR=0 \end{cases}$$

其中 RS=0 是约束 R 及 S 不能同时为 1。

> **重要提示**

1. 当 Q=1、$\overline{Q}$=0 时，称为触发器的 1 状态；当 Q=0、$\overline{Q}$=1 时，称为触发器的 0 状态。Q 端称为触发器的原端或 1 端，$\overline{Q}$ 端称为触发器的非端或 0 端。

2. 基本 RS 触发器也可以用两个"或非门"组成，此时为高电平触发器。

3. 由与非门组成的基本触发器实验中，当 S、R 同时由低变高时，Q 的状态有可能为 1，也能为 0，这取决于两个与非门的延时传输时间，这一状态对触发器来说是不正常的，在使用中应尽量避免。

4. 空翻现象：RS 触发器必须严格地控制时钟脉冲的宽度（应大于三个"与非"门的平均时延时间，而小于四个平均时延时间），太窄各触发器不能稳定地翻转，太宽会在一个时钟脉冲作用时间内数据连续往右移。

> **拓展**

1. 其他类型的触发器

1）JK 触发器

控制输入端为 J 和 K，它是从 RS 触发器演变而来的，是针对 RS 逻辑功能不完善的又一种改进。

JK 触发器的特性方程是：

$$Q^{n+1}=J\overline{Q}^n+\overline{K}Q^n$$

2）T 和 T'触发器

T 触发器可以看成是 J=K 条件下的特例，它只有一个控制输入端 T。

T 触发器的逻辑功能概括为：T=0 时，保持（$Q^{n+1}=Q^n$）；T=1 时，翻转（$Q^{n+1}=\overline{Q}^n$）

T'触发器可以看成 T 触发器 T 恒等于 1 条件下的特例，其特性方程是：

$$Q^{n+1}=\overline{Q}^n$$

3）D 触发器

D 触发器是由 RS 触发器演变成的，是 R=S 条件下的特例，特性方程是：

$$Q^{n+1}=D$$

2. 时钟触发器的触发方式

时钟触发器的触发方式有电平触发、边沿触发和主从触发三种。

1）电平触发

电平触发可以分高电平触发和低电平触发两种。上述同步 RS 触发器，其触发方式就是高电平（CP=1）触发，如 RS 触发器为或非门构成，则其触发方式就用低电平触发。

2）边沿触发

边沿触发分上升沿触发和下降沿触发。有些触发器仅在时钟脉冲 CP 的上升沿（0→1 变化边沿↑）才能接受控制输入信号，改变状态，称为上升沿触发器。有些触发器，仅在时钟脉冲 CP 的下降沿（1→0 变化边沿↓）才能接受控制输入信号，改变状态。这种触发方式称为下降沿触发方式。

3）主从触发方式

主从触发器内部电路结构含主触发器和从触发器，在 CP 脉冲输入高电平期间，主触发接受控制输入信号，CP 下降沿时刻从触发器可以改变状态——向主触发器看齐。

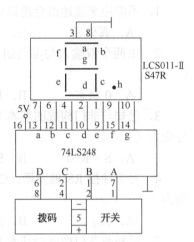

1．将译码驱动器 74LS48（或 74LS248）和共阴极数码管 LC5011-11（547R）插入 IC 空插座中，按图 13.2.8 接线。接通电源后，观察数码管显示结果是否和拨码开关指示数据一致。如无 8421 码拨码开关，可用四位逻辑开关（即普通拨动开关）代替。

2．一般的机械开关在搬动时，由于受触点金属片弹性的影响，通常会发生多次跳动而产生不必要的脉冲输出。利用基本 RS 触发器做成消抖开关，可以消除这种后果。试说明它的工作原理，怎样消除抖动的？

图 13.2.8　译码驱动器接线图

1．比较用门电路组成组合电路和应用专用集成电路各有什么优缺点？

2．动手用两片 74LS148 组成 16 位输入、4 位二进制码输出的优先编码器？

一、填空题

1．若在时钟脉冲高电平期间 R、S 端信号不发生变化，则同步 RS 触发器的状态变化是在时钟脉冲＿＿＿＿＿＿发生的，主从 RS 触发器的状态转变是在时钟脉冲＿＿＿＿＿＿发生的。

2．由于触发器有＿＿＿＿个稳态，它可记录＿＿＿＿位二进制码。

3．由两个或非门构成的基本 RS 触发器，其约束方程是＿＿＿＿＿＿＿＿。

二、判断题

1．对于低电平输入有效的基本 RS 触发器，其 R、S 端的输入信号不得同时为低电平。
　　　　　　　　　　　　　　　　　　　　　　　　　　　　　　　　　　　（　　）

2．主从 RS 触发器能够克服空翻，但不能消除不确定的状态。　　（　　）

3．触发器必须具备的基本特点之一是：根据不同的输入信号可以置成 1 或 0 状态。
（　　）

4．基本 RS 触发器的约束条件 $S_d R_d = 0$，其含义是不允许输入 $S_d = R_d = 1$ 或 $\bar{S}_d = \bar{R}_d = 0$ 的信号。
（　　）

三、选择题

1．不能用来描述组合逻辑电路的是（　　）。
　　A．真值表　　　B．卡诺图　　　C．逻辑图　　　D．驱动方程

2．由两个双输入与非门组成的基本 RS 触发器，当 R=0、S=1 时，输出端的状态为（　　）。
　　A．0 状态　　　B．1 状态　　　C．状态不变　　　D．状态不定

3．已知与非门构成的基本 RS 触发器，欲使该触发器保持原态，即 $Q^{n+1}=Q^n$，则输入信号应为（　　）。
　　A．S = R=0　　B．S = R=1　　C．S = 1，R=0　　D．S = 0，R=1

4．对于钟控 RS 触发器，CP=1 期间，从输入信号出现到输出信号稳定，最少需要的时间为（　　）。
　　A．$1t_{pd}$　　　B．$2t_{pd}$　　　C．$3t_{pd}$　　　D．$4t_{pd}$

5．已知或非门构成的基本 RS 触发器，欲使该触发器保持原态，即 $Q^{n+1}=Q^n$，则输入信号应为（　　）。
　　A．S = R=0　　B．S = R=1　　C．S = 1，R=0　　D．S = 0，R=1

四、作图题

1．在如图 13.2.9（a）所示的基本 RS 触发器电路中，输入波形如图 13.2.10（b）所示。试画出输出端与之对应的波形。

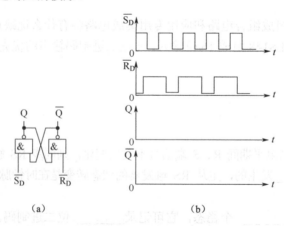

图 13.2.9　基本 RS 触发器电路及输入波形

2．在如图 13.2.10（a）所示的同步 RS 触发器电路中，若输入端 R、S 的波形如图 13.2.10（b）所示。试画出输出端与之对应的波形。（假定触发器的初始状态为 Q= 0）

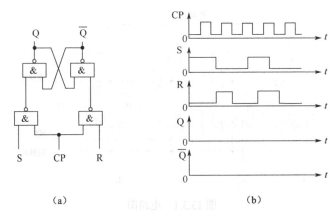

图 13.2.10 同步 RS 触发器电路及波形

项目 3 寄存器电路的制作

1. 了解寄存器的功能、基本构成和常见类型。
2. 了解寄存器其功能、工作过程及应用。

1. 学会分析数码寄存器、移位寄存器的工作过程。
2. 了解 74LS175、74LS194 的功能及应用。

■ 第 1 步 认识数码寄存器

观察实验中四只二极管的发光情况，思考原因？

（1）将两块 74LS112 及两块 74LS08 集成片插入 IC 空插座中，按图 13.3.1 接线。d_3、d_2、d_1、d_0 接逻辑开关，与门输出接四只 LED 发光二极管，四只触发器的清零端 R 相连后接复位开关，写入脉冲端 CP 接单次脉冲，读出脉冲接逻辑开关。接好电源即开始实验。

（2）置 $d_3d_2d_1d_0 = 1010$，清零后，按动单次脉冲，这时 Q_3、Q_2、Q_1、Q_0 将被置为 1010，再将读出开关（逻辑开关）置 1，就可观察到四只发光二极管为亮、灭、亮、灭，即输出数据为 1010。

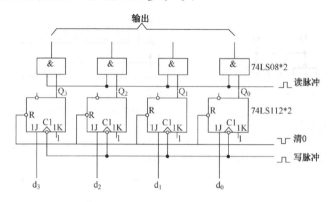

图 13.3.1　电路图

链接

在数字电路中，常常需要将一些数码、指令或运算结果暂时存放起来，能完成这种作用的部件称为寄存器。寄存器具有清除数码、接收数码、存放数码和传送数码的功能。寄存器分为数据（码）寄存器和移位寄存器两种。

数码寄存器：由 JK 触发器组成的四位数码寄存器如图 13.3.2 所示，R 端输入负脉冲时，使各移位寄存器清零。用 n 个触发器可以存储 n 位二进制数。

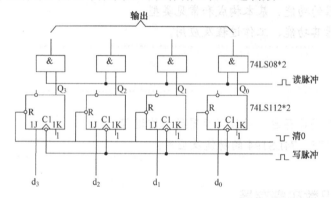

图 13.3.2　四位数码寄存器

CP 端的脉冲为写脉冲，当 CP 脉冲下降沿到来时，$d_3d_2d_1d_0$ 各位数据被输入到寄存器中，并寄存。数码的输出由读出脉冲控制。

数据寄存器有四个特点：① 能清除；② 能写入；③ 能寄存；④ 能读出。这种输入、输出方式称为并行输入、并行输出。

第 2 步　了解移位寄存器的基本构成

观察图 13.3.3 实验中四只二极管的发光情况，思考原因？

将两块 74LS74 集成片插入 IC 空插座中，按图 13.3.3 连线，接成右移移位寄存器。接好电源即可开始实验。先置数据 0001，然后输入移位脉冲置数，即把 Q_3、Q_2、Q_1、Q_0 置成 0001，按动单次脉冲，移位寄存器实现右移功能。

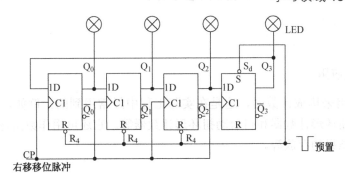

图 13.3.3 右移移位寄存器

 链接

移位寄存器

具有移位逻辑功能的寄存器称为移位寄存器。移位功能是每位触发器的输出与下一级触发器的输入相连而形成的。它可以起到多方面的作用，可以存储或延迟输入/输出信息，也可以用来把串行的二进制数转换为并行的二进制数（串并转换）或者相反（并串转换）。在计算机电路中还应用移位寄存器来实现二进制的乘 2 和除 2 功能。

1．单向移位寄存器

（1）四位串行输入、串并行输出的左移寄存器（由四个 D 触发器构成），如图 13.3.4 所示。

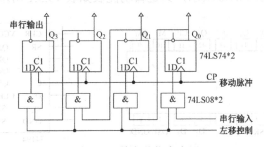

图 13.3.4 单向移位寄存器

由图 13.3.4 可知，CP 脉冲的输入（上升沿起作用）作为同步移位脉冲，数据（码）的移位操作由"左移控制"端控制，数码是从串行输入端输入，输出可以是串行输出或并行输出。

（2）四位右移寄存器。

2．双向移位寄存器

移位寄存器在应用中需要左移、右移、保持、并行输入输出或串行输入输出等多种功能。具有上述多种功能的移位寄存器称为多功能双向移位寄存器。如中规模集成电路 74LS194 就是具有左、右移位、清零、数据并入/并出（串出）等多种功能的移位寄存器。

 重要提示：

寄存器工作前一定要清零。

拓展

1. 移位寄存器的应用

移位寄存器用来构成计数器,这是在实际工程中经常用到的。例如,用移位寄存器构成环形计数器、扭环形计数器和自启动扭环形计数器等。它还可用作数据寄存。例如,两个数相加、相减其结果的存放等。

2. 74LS175

常用的六 D 触发器集成电路,里面含有 6 组 D 触发器,可以用来构成寄存器、抢答器等功能部件,如图 13.3.5 所示。

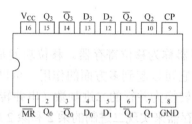

图 13.3.5　74LS175

3. 74LS194

74LS194 引脚图如图 13.3.6 所示,其逻辑功能表如表 13.3.1 所示。

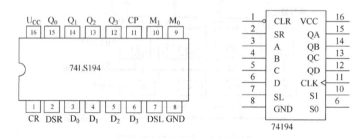

图 13.3.6　74LS194

表 13.3.1　74LS194 逻辑功能表

功能	输入										输出			
	CR	M_1	M_0	CP	DSR	DSL	D_0	D_1	D_2	D_3	Q_0^{n+1}	Q_1^{n+1}	Q_2^{n+1}	Q_3^{n+1}
清除	0	×	×	×	×	×	×	×	×	×	0	0	0	0
保持	1	×	×	0	×	×	×	×	×	×	保持			
	1	0	0	×	×	×	×	×	×	×	保持			
送数	1	1	1	↑	×	×	d_0	d_1	d_2	d_3	d_0	d_1	d_2	d_3
右移	1	0	1	↑	×	1	×	×	×	×	1	Q_0^n	Q_1^n	Q_2^n
	1	0	1	↑	×	0	×	×	×	×	0	Q_0^n	Q_1^n	Q_2^n
左移	1	1	0	↑	1	×	×	×	×	×	Q_1^n	Q_2^n	Q_3^n	1
	1	1	0	↑	0	×	×	×	×	×	Q_1^n	Q_2^n	Q_3^n	0

由表 13.3.1 可知，74LS194 具有如下功能。

(1) 清除：当 CR= 0 时，不管其他输入为何状态，输出为全 0 状态。

(2) 保持：CP = 0、CR = 1 时，其他输入为任意状态，输出状态保持。或者 CR = 1，M1、M0 均为 0，其他输入为任意状态，输出状态也将保持。

(3) 置数（送数）：CR= 1，$M_1 = M_0 = 1$，在 CP 脉冲上升沿时，将数据输入端数据 D_0、D_1、D_2、D_3 置入 Q_0、Q_1、Q_2、Q_3 中并寄存。

(4) 右移：CR= 1，$M_1 = 0$，$M_0 = 1$，在 CP 脉冲上升沿时，实现右移操作，此时若 DSR= 0，则 0 向 Q_0 移位，若 DSR=1，则 1 向 Q_0 移位。

(5) 左移：CR= 1，$M_1 = 1$，$M_0 = 0$，在 CP 脉冲上升沿时，实现左移功能。此时若 DSL= 0，则把 0 向 Q_3 移位，若 DSL=1，则把 1 向 Q_3 移位。

(1) 数据寄存器。改变 d_3、d_2、d_1、d_0 的数值，重复实验，验证其寄存器的功能，并记录结果。

(2) 移位寄存器。将两块 74LS74 集成片插入 IC 空插座中，按图 13.3.7 连线，接成左移移位寄存器。接好电源即可开始实验。先置数据 0001，然后输入移位脉冲置数，即把 Q_3、Q_2、Q_1、Q_0 置成 0001，按动单次脉冲，移位寄存器实现左移功能。

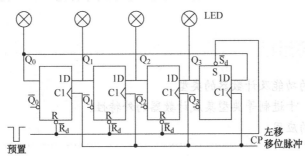

图 13.3.7 移位寄存器

(3) 画出 74LS194 集成片构成的左、右循环移位的电路图。

集成移位寄存器的基本功能怎样验证？

一、填空题

1. 移位寄存器工作于并入—并出方式，信息的存取与时钟脉冲 CP_____关。
2. 利用移位寄存器产生 00001111 序列，至少需要_____级触发器。
3. 8 位移位寄存器，串行输入时经_____个 CP 脉冲后，8 位数码全部移入寄存器中。
4. 若该寄存器已存满 8 位数码，欲将其串行输出，则需_____个 CP 脉冲后，数码方能全部输出。

5．某移位寄存器的时钟脉冲频率为 100kHz，欲将存放在该寄存器中的数左移 8 位，完成该操作需要＿＿＿＿＿＿时间。

二、判断题

1．四位移位寄存器经过 4 个 CP 脉冲后，四位数码恰好全部移入寄存器，因此可以得到四位串行输出。   （   ）

2．图 13.3.8 是用 D 触发器组成的寄存器电路。当在 V_i 端随 CP 脉冲依次输入 1011 时，经过四个 CP 脉冲后，串行输出端的状态是 1011。$Q_1Q_2Q_3Q_4$ 的初始状态是 0000。
                                                （   ）

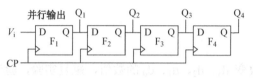

图 13.3.8 寄存器电路

项目 4 计数电路的制作

1．了解计数器的功能及计数器的类型。
2．理解二进制、十进制等典型集成计数器的外特性。
3．了解计数器的应用。

1．验证计数器的功能。
2．了解计数器的应用。

▌第 1 步 认识计数器

观察图 13.4.1 中的计数器外形，指出它们具有的共同之处。

图 13.4.1 计数器

链接

在数字电路中，计数器属于时序电路，它主要由具有记忆功能的触发器构成。计数器不仅仅用来记录脉冲的个数，还大量用作分频、程序控制及逻辑控制等，在计算机及各种数字仪表中，都得到了广泛的应用。

计数器按计数脉冲引入方式不同分为同步和异步计数器；按计数进制分为二进制计数器和非二进制计数器；按计数器的增减趋势分为加法、减法和可逆计数器；按集成度分为小规模与中规模集成计数器。

1. 二进制计数器

1）异步二进制加法计数器

异步二进制计数器在做"加 1"或"减 1"计数时，是采取从低位到高位逐位进位或借位的方式工作的。这类电路的特点是 CP 信号只作用于第一级，由前级为后级提供驱动状态变化的信号。第一级输出信号 Q 或其反相输出的上升沿或下降沿滞后于 CP 的上升沿（传输延迟时间）。以这种信号作为后级的驱动信号，使第二级的输出信号相对于 CP 的延迟时间为两级电路的延迟时间。由于触发器的输出信号相对于初始的 CP 的延迟时间随级数增加而累加，故各级的输出信号不是同步信号，因而称为异步计数器。

图 13.4.2 所示是由 4 个 JK（选用 74LS112 集成片）触发器构成的 4 位二进制（十六进制）异步加法计数器。

该电路的时序波形如图 13.4.3 所示。

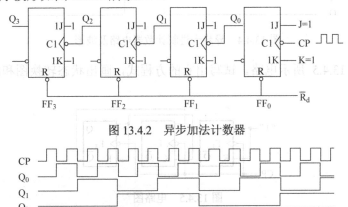

图 13.4.2 异步加法计数器

图 13.4.3 时序波形

由波形图可知：触发器 FF_0（最低位）在每个计数沿（CP）的下降沿（1→0）翻转，触发器 FF_1 的 CP 端接 FF_0 的 Q_0 端。因而当 FF_0（Q_0）由 1→0 时，FF_1 翻转。类似地，当 FF_1（Q_1）由 1→0 时，FF_2 翻转，FF_2（Q_2）由 1→0 时，FF_3 翻转。

4 位二进制异步加法计数器从起始态 0000 到 1111 共 16 个状态，因此，它是十六进制加法计数器，也称模 16 加法计数器。

从波形图可看到，Q_0 的周期是 CP 周期的 2 倍；Q_1 是 Q_0 的 2 倍，CP 的 4 倍；Q_2 是 Q_1 的 2 倍，Q_0 的 4 倍，CP 的 8 倍；Q_3 是 Q_2 的 2 倍，Q_1 的 4 倍，Q_0 的 8 倍，CP 的 16 倍。所以 Q_0、Q_1、Q_2、Q_3 也分别实现了二、四、八、十六分频，这就是计数器的分频作用。

异步二进制减法计数器原理同加法计数器，只要在加法计数器逻辑电路图中将低位触发器 Q 端接高位触发器 CP 端，换成低位触发器 Q 端接高位触发器 CP 端即可。

2）同步二进制计数器

所有触发器的时钟控制端均由计数脉冲 CP 输入，CP 的每一个触发沿都会使所有的触发器状态更新。

2. 十进制计数器

在很多实际应用中，往往需要不同的计数进制满足各种不同的要求。如电子钟里需要六十进制、二十四进制，日常生活中的十进制等。

"8421 码"十进制计数器是最常用的，图 13.4.4 为下降沿触发的 JK 触发器构成的异步十进制计数器（8421 码）。

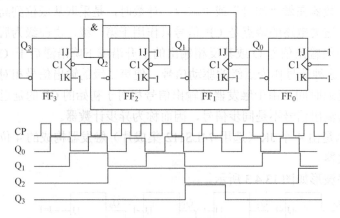

图 13.4.4　异步十进制计数器电路及波形

例如，如图 13.4.5 所示电路。试写出它的方程式，画出状态转换图和时序图，并说明电路的功能？

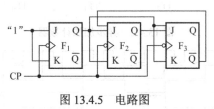

图 13.4.5　电路图

解：（1）方程式：

驱动方程式 $\begin{cases} J_1 = 1, J_2 = Q_1 Q_3, J_3 = Q_1 Q_2 \\ K_1 = 1, K_2 = Q_1, K_3 = Q_1 \end{cases}$

状态方程式 $\begin{cases} Q_1^{n+1} = J_1 \bar{Q}_1^n + \bar{K}_1 Q_1^n = \bar{Q}_1^n \\ Q_2^{n+1} = J_2 \bar{Q}_2^n + \bar{K}_2 Q_2^n = Q_1 Q_3 \bar{Q}_2^n + \bar{Q}_1 Q_2^n \\ Q_3^{n+1} = J_3 \bar{Q}_3^n + \bar{K}_3 Q_2^n = Q_1 Q_2 \bar{Q}_3^n + \bar{Q}_1 Q_3^n \end{cases}$

（2）状态图：

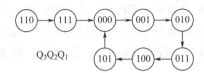

（3）时序图：

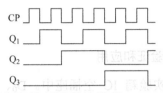

（4）功能说明：该电路是同步六进制递增计数器。

第 2 步　理解集成二/十进制计数器的外特性

在实际工程应用中，我们一般很少使用小规模的触发器去拼接而成各种计数器，而是直接选用集成计数器产品。例如，74LS161 是具有异步清零功能的可预置数 4 位二进制同步计数器，如图 13.4.6（a）所示。74LS193 是具有带清除双时钟功能的可预置数 4 位二进制同步可逆计数器，如图 13.4.6（b）所示。

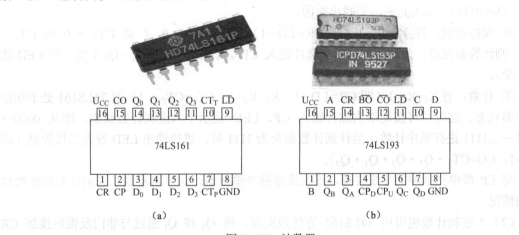

图 13.4.6　计数器

（1）74LS161 具有下列功能：

① CR=0，不管其他输入端为何状态，输出均为 0 。
② CR=1，$\overline{LD}$ =0，在 CP 上升沿时，将 $d_0 \sim d_3$ 置入 $Q_0 \sim Q_3$ 中。
③ CR=$\overline{LD}$=1，若 $CT_T = CT_P = 1$，对 CP 脉冲实现同步计数。
④ CR=$\overline{LD}$=1，若 $CT_P \cdot CT_T = 0$，计数器保持。进位 CO 在平时状态为 0，仅当 $CT_T = 1$ 且 $Q_0 \sim Q_3$ 全为 1 时，才输出 1（CO = $CT_T \cdot Q_3 \cdot Q_2 \cdot Q_1 \cdot Q_0$）。

（2）74LS193 主要功能如下：

① CR=1 为清零，不管其他输入如何，输出均为0。
② CR=0，$\overline{LD}$ =0，置数，将 D、C、B、A 置入 Q_D、Q_C、Q_B、Q_A 中。
③ CR=0，$\overline{LD}$ =1，在 CP_D=1，CP_U 有上升沿脉冲输入时，实现同步二进制加法计数。

在 $CP_U=1$ ，CP_D 有上升沿脉冲输入时，实现同步二进制减法计数。

④ 在计数状态下（CR=0，$\overline{LD}=1$，$CP_D=1$ 时）CP_U 输入脉冲，进行加法计数，仅当计数到 $Q_D \sim Q_A$ 全 1 时，且 CP_U 为低电平时，进位 $\overline{CO}$ 输出为低电平；减法计数时（$CP_U=1$，CP_D 为脉冲输入，CR=0，$\overline{LD}$ 1），仅当 $Q_D \sim Q_A$ 全 0 时，且 CP_D 为低电平时，借位 $\overline{BO}$ 输出为低电平。

拓展

1. 集成计数器 74LS161 的功能验证和应用

（1）将 74LS161 芯片插入实验箱 IC 空插座中。D_0、D_1、D_2、D_3 接四位数据开关，Q_0、Q_1、Q_2、Q_3、CO 接五只 LED 发光二极管，置数控制端 $\overline{LD}$、清零端 CR，分别接逻辑开关 K_1、K_2，CT_P、CT_T 分别接另二只逻辑开关 K_3、K_4，CP 接单次脉冲。接线完毕，接通电源，进行 74LS161 功能验证。

① 清零：拨动逻辑开关 $K_2=0$（CR=0）则输出 $Q_0 \sim Q_3$ 全为 0，即 LED 全灭。

② 置数：设数据开关 $D_3D_2D_1D_0 = 1010$，再拨动逻辑开关 $K_1=0$，$K_2=1$（即 $\overline{LD}=0$，CR=1），按动单次脉冲（应在上升沿时），输出 $Q_3Q_2Q_1Q_0=1010$，即 $D_3 \sim D_0$ 数据并行置入计数器中，若数据正确，再设置 $D_3 \sim D_0$ 为 0111，输入单次脉冲，观察输出正确与否（$Q_3 \sim Q_0 = 0111$）。如不正确，则找出原因。

③ 保持功能：置 $K_1=K_2=1$（即 CR=$\overline{LD}$=1），K_3 或 $K_4=0$（即 $CT_T=0$ 或 $CT_P=0$），则计数器保持，此时若按动单次脉冲输入 CP，计数器输出 $Q_3 \sim Q_0$ 不变（即 LED 状态不变）。

④ 计数：置 $K_1=K_2=1$（即 CR=$\overline{LD}=1$）$K_3=K_4=1$（$CT_T=CT_P=1$）则 74LS161 处于加法计数器状态。这时，可按动单次脉冲输入 CP，LED 显示十六进制计数状态，即从 0000→0001→...1111 进行顺序计数，当计到计数器全为 1111 时，进位输出 LED 发光二极管亮（即 CO=1，CO=$CT_T \cdot Q_3 \cdot Q_2 \cdot Q_1 \cdot Q_0$）。

将 CP 接单次脉冲的导线去掉，连至连续脉冲输出端，这时可看到二进制计数器连续翻转的情况。

（2）十进制计数也可用 74LS161 方便地实现。将 Q_3 和 Q_1 通过与非门反馈后接到 CR 端。利用此法，74LS161 可以构成小于模 16 的任意进制计数器。

2. 集成计数器 74LS193 的功能验证

74LS193 计数器的使用方法和 74LS161 很相似。

（1）清零：74LS193 的 CR 端与 74LS161 不同，它是"1"信号起作用，即 CR=1 时，74LS193 清零。实验时，将 CR 置 1，观察输出 Q_D、Q_C、Q_B、Q_A 的状态。

（2）计数：74LS193 可以加、减计数。在计数状态时，CR=0，$\overline{LD}=1$，$CP_D=1$，CP_U 输入脉冲，为加法计数器；$CP_U=1$，CP_D 输入脉冲，计数器为减法计数器。

（3）置数：CR=0，置数数据开关为任一二进制数（如 0111），拨动逻辑开关 $K_1=0$（$\overline{LD}=0$）则数据 D、C、B、A 已送入 $Q_D \sim Q_A$ 中。

重要提示：

集成块在使用时，不能带电接、拔导线。

异步二进制加法计数器

（1）将二片 74LS112（双 JK 触发器）插入 IC 空插座中。

（2）其中 CP 接单次脉冲（或连续脉冲），R 端接实验箱上的复位开关 K5。

（3）接通实验系统（箱）电源，先按复位开关 K5（复位开关平时处于 1，此时 LED 灯亮，按下为 0，则 LED 灯灭。再松开开关，恢复至原位处于 1，LED 灯亮）。计数器清零。

（4）按动单次脉冲（即输入 CP 脉冲），计数器按二进制工作方式工作。这时 Q_3、Q_2、Q_1、Q_0 的状态应和状态图一致。如不一致，则说明电路有问题或接线有误，需重新排除错误后，再进行实验论证。

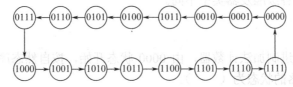

1. 若用 74LS193 构成六十进制计数器，电路如何？
2. 总结 74LS161 二进制计数器的功能和特点。

习题

一、填空题

1. 如图 13.4.7 所示的波形是一个_____（同、异）_____进制_____（加、减）法计数器的波形。若由触发器组成该计数器，触发器的个数应为_____。

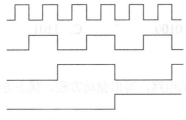

图 13.4.7 波形图

2. 在同步计数器中，各触发器的 CP 输入端应接_____时钟脉冲。

3. 如图 13.4.8 所示电路是_____步，长度为_____的_____法计数器。

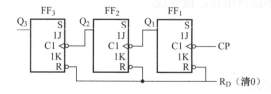

图 13.4.8　电路图

4. 用二进制异步计数器从零计到十进制数 $(178)_{10}$，则最少需要_____个触发器。

5. 欲计 0、1、2、3、4、5、6、7 这几个数，采用同步二进制计数器，最少应使用_____级触发器。

二、判断题

1. 有 8 个触发器的二进制计数器，它具有 256 个计数状态。（　　）
2. N 进制计数器可以实现 N 分频。（　　）
3. 译码器、计数器、全加器、寄存器都是组合逻辑电路。（　　）
4. 同步时序电路由组合电路和存储器两部分组成。（　　）
5. 异步时序电路各级触发器类型不同。（　　）

三、选择题

1. 一个五位的二进制加法计数器，由 0000 状态开始，按自然态序计数，问经过 75 个输入脉冲后，此计数器的状态为（　　）。
   A. 01011　　　　　　　　　　B. 11010
   C. 11111　　　　　　　　　　D. 10011

2. 下列电路中不是时序电路的有（　　）。
   A. 计数器　　　　　　　　　　B. 触发器
   C. 寄存器　　　　　　　　　　D. 译码器

3. 同步计数器和异步计数器比较，同步计数器的显著优点是（　　）。
   A. 工作速度高　　　　　　　　B. 触发器利用率高
   C. 电路简单　　　　　　　　　D. 不受时钟 CP 控制

4. 一位 8421BCD 码计数器至少需要触发器的数目（　　）。
   A. 3 个　　B. 4 个　　C. 5 个　　D. 10 个

5. 一个四位二进制码减法计数器的起始值为 1001，经过 100 个时钟脉冲作用之后的值为（　　）。
   A. 1100　　B. 0100　　C. 1101　　D. 0101

四、分析说明题

1. 试分析如图 13.4.9 所示电路，写出驱动方程、状态方程，画出状态图，说明计数器类型。

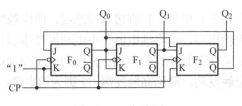

图 13.4.9 电路图

2. 用示波器在某计数器的三个触发器的输出端 Q_0、Q_1、Q_2 观察到如图 13.4.10 所示的波形，求出该计数器的进制，并列表表示其计数状态。

图 13.4.10 波形图

*项目 5　555 电路的制作

 学习目标

1. 了解多谐振荡器、单稳触发器、施密特触发器的功能及基本应用。
2. 会装配、测试、调整 555 应用电路，能排除常见故障。

 工作任务

会装配、测试、调整 555 应用电路，能排除常见故障。

▍认识 555 定时器

555 定时器外形如图 13.5.1 所示。

图 13.5.1　5G1555 定时器外形

以 5G1555 为例，5G1555 时基电路有两种结构。一种为金属圆壳封装（型号为 5G1555），其外形与引脚排列如图 13.5.2（a）所示；另一种为陶瓷双列封装（型号为 5G1555C），其外形与引脚排列如图 13.5.2（b）所示。

5G555 各脚功能如图 13.5.3 所示，1 脚接电源地线，即电源的负极；2 脚为低电位触发端，简称低触发端；3 脚为输出端，可将继电器、小电动机及指示灯等负载的一端与它相连，另一端接地或电源的正极；4 脚为低电位复位端；5 脚为电压控制端，主要是用来调节比较器的触发电位；6 脚为高电位触发端，简称高触发端；7 脚为放电端；8 脚接电源正极。

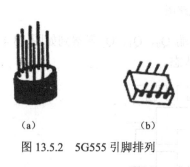

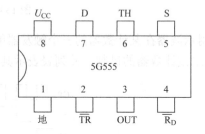

图 13.5.2　5G555 引脚排列　　　　图 13.5.3　5G555 各脚功能

链接

555 定时器又称为时基电路，它是将模拟与逻辑功能巧妙组合在一起的一种中规模集成电路，具有结构简单、使用电压范围宽、工作速度快、定时精度高、驱动能力强等优点。可以方便地构成单稳态触发器、多谐振荡器及施密特触发器等脉冲产生与变换电路。广泛应用于自动控制电路、家用电器定时、电子乐器、防盗以及通信产品等电子设备中。

1. 分类

按照内部元件分为双极型（又称 TTL 型）和单极型两种。双极型内部采用的是晶体管；单极型内部采用的则是场效应管。

2. 电路结构

内部含有两个电压比较器 A1、A2，一个基本 RS 触发器，一个放电三极管 TV 和输出反相放大器，如图 13.5.4 所示。

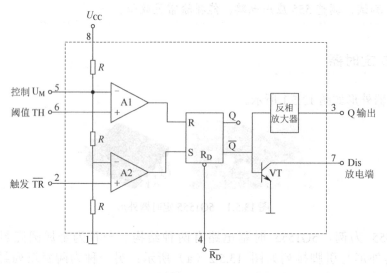

图 13.5.4　电路结构

3. 555 定时器功能表（表 13.5.1）

玩具电子琴、洗衣机定时、数控线切割机床、救护车铃声等电路均应用了 555 定时器，如图 13.5.5 所示。

表 13.5.1　555 定时器功能表

输入			输出	
复位 $\overline{R_D}$	$\overline{TR}$	TH	Q	VT 状态
0	×	×	0	导通
1	$<1/3U_{CC}$	$<2/3U_{CC}$	1	截止
1	$>1/3U_{CC}$	$>2/3U_{CC}$	0	导通
1	$>1/3U_{CC}$	$<2/3U_{CC}$	原始状态	不变

图 13.5.5　应用 555 的电器

图 13.5.6 为玩具电子琴电路图。

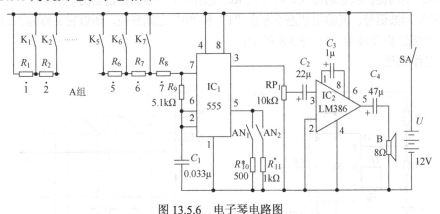

图 13.5.6　电子琴电路图

🔍 链接

1. 单稳态触发器

单稳态触发器具有下列特点。

（1）电路有一个稳态和一个暂稳态。

（2）在外来触发脉冲作用下，电路由稳态翻转到暂稳态。

（3）暂稳态是一个不能长久保持的状态，经过一段时间后，电路会自动返回到稳态。暂稳态的持续时间与触发脉冲无关，仅决定于电路本身的参数。

单稳态触发器在数字电路中一般用于定时（产生一定宽度的矩形波）、整形（把不规则的波形转换成宽度、幅度都相等的波形）以及延时（把输入信号延迟一定时间后输出）等。

① 电路结构及波形如图 13.5.7 所示。

② 工作原理。

③ 典型应用：定时与延时；整形。

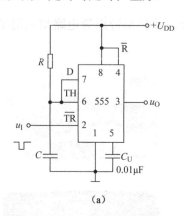
(a)

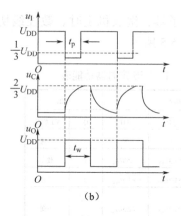
(b)

图 13.5.7 单稳态触发器

2. 多谐振荡器

多谐振荡器又称为无稳态电路。在状态的变换时，触发信号不需要由外部输入，而是由其电路中的 RC 电路提供状态的持续时间也由 RC 电路决定。多谐振荡器的功能是产生一定频率和一定幅度的矩形波信号。其输出状态不断在"1"和"0"之间变换，所以它又称为无稳态电路。

（1）电路结构及波形如图 13.5.8 所示。

（2）工作原理。

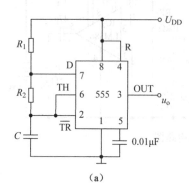
(a)

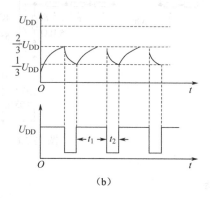
(b)

图 13.5.8 多谐振荡器

（3）振荡周期（$T=t_1+t_2$）。

t_1 代表充电时间（电容两端电压从 $\frac{1}{3}U_{DD}$ 上升到 $\frac{2}{3}U_{DD}$ 所需时间）

$$t_1 \approx 0.7(R_1+R_2)C$$

t_2 代表放电时间（电容两端电压从 $\frac{2}{3}U_{DD}$ 下降到 $\frac{1}{3}U_{DD}$ 所需时间）

$$t_2 \approx 0.7 R_2 C$$

因而有 $T=t_1+t_2 \approx 0.7(R_1+2R_2)C$

对于矩形波，除了用幅度、周期来衡量以外，还存在一个参数占空比 q：

$$q = \frac{t_P}{T} = \frac{t_1}{t_1+t_2} = \frac{R_1+R_2}{R_1+2R_2}$$

其中，t_p 代表脉宽，输出波形一个周期内高电平所占时间；T 代表周期。

（4）改进电路。

图 13.5.9 所示电路可以产生占空比处于 0 和 1 之间可调的矩形波。输出波形的占空比为：

$$q = \frac{R_A}{R_A + R_B}$$

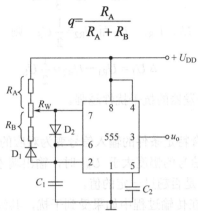

图 13.5.9　占空比可调的多谐振荡器

3. 施密特触发器

施密特触发器是一种脉冲信号变换电路，用来实现整形和鉴波。

（1）电路结构如图 13.5.10（a）所示。

（2）工作原理 [图 13.5.10（b）]。

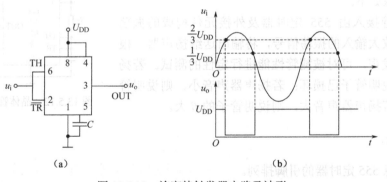

图 13.5.10　施密特触发器电路及波形

（3）电压滞回特性（图 13.5.11）。

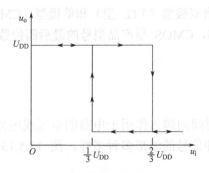

图 13.5.11　电压滞回特性

回差电压用 ΔU_T 表示，即 $\Delta U_T = U_{R1} - U_{R2}$。

若控制端 S 悬空或通过电容接地，$U_{R1} = \frac{2}{3} U_{DD}$，而 $U_{R2} = \frac{1}{3} U_{DD}$，则

$$\Delta U_T = U_{R1} - U_{R2} = \frac{1}{3} U_{DD}$$

若控制端 S 外接控制电压 U_S，$U_{R1} = U_S$ 而 $U_{R2} = \frac{1}{2} U_S$　则

$$\Delta U_T = U_{R1} - U_{R2} = \frac{1}{2} U_S$$

回差电压越大，施密特触发器的抗干扰性越强。

（4）典型应用。

① 波形变换。将任何符合特定条件的输入信号变为对应的矩形波输出信号。

② 幅度鉴别。只有输入信号的幅度大于 U_{R1} 时，输出端才出现 OUT ="0" 的状态。由此可以判断输入信号的幅度是否超过一定的值。

③ 脉冲整形。脉冲信号在传输过程中如果受到干扰，其波形会产生变形。可利用施密特触发器进行整形，将变形的矩形波变成规则的矩形波。

图 13.5.12 是一个 555 定时器应用实例：晶体管简易测试仪。

操作步骤如下。

将晶体管接入由 555 定时器及外接元件构成的振荡器，被测管放大输入的振荡信号，将输出送给扬声器。根据扬声器的发声，可对被测管性能进行定性的测试。若扬声器无声，说明管子已损坏；若扬声器声音小，则说明管子的 β 小；若扬声器声音大，则说明管子的 β 大。

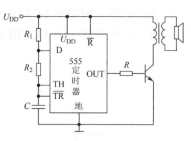

图 13.5.12　晶体管简易测试仪

重要提示

（1）注意 555 定时器的引脚排列。

（2）集成 555 定时器的电源电压推荐为 4.5～12V，最大输出电流 200mA 以内，并能与 TTL、CMOS 逻辑电平相兼容。

（3）集成 555 定时器有双极型（TTL 型）和单极型（CMOS 型）两种。一般双极型产品型号的最后三位数是 555，CMOS 型产品型号的最后四位数是 7555，它们的逻辑功能和外部引线排列完全相同。

拓展

脉冲信号是指在极短时间间隔内作用于电路的电压或电流。从广义来说，各种非正弦信号统称为脉冲信号。脉冲信号的波形多种多样，图 13.5.13 给出了几种常见的脉冲信号波形。

最常见的是矩形脉冲波，其主要参数如下。

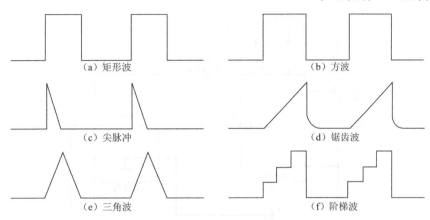

图 13.5.13 常见的脉冲信号波形

(1) 脉冲幅度 U_m——脉冲电压的最大变化幅度。
(2) 脉冲宽度 t_w——从脉冲前沿 $0.5U_m$ 至脉冲后沿 $0.5U_m$ 的时间间隔。
(3) 上升时间 t_r——脉冲前沿从 $0.1U_m$ 上升到 $0.9U_m$ 所需要的时间。
(4) 下降时间 t_f——脉冲后沿从 $0.9U_m$ 下降到 $0.1U_m$ 所需要的时间。
(5) 脉冲周期 T——周期性重复的脉冲中,两个相邻脉冲上相对应点之间的时间间隔。有时也用脉冲重复频率 $f=1/T$ 表示,f 表示单位时间内脉冲重复变化的次数。

规矩脉冲信号如图 13.5.14 所示。

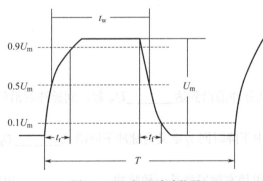

图 13.5.14 矩形脉冲信号

用 555 定时器构成施密特触发器

操作步骤如下。

(1) 按图 13.5.15 接线。其中 555 的 2 和 6 脚接在一起,接至函数发生器三角波(或正弦波)的输出(幅值调至 5V),U_i 和 U_o(Q)端接双踪示波器。

(2) 接线无误后,接通电源,输入三角波或正弦波,并调至一定的频率,观察输入、输出波形的形状。

(3) 调节 R_W,使外加电压 U_M 变化,观察示波器输出波形的变化。

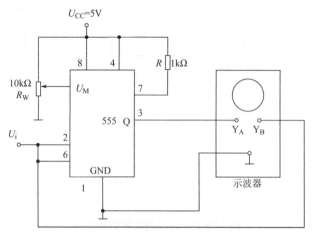

图 13.5.15 用 555 定时器构成的施密特触发器

1．单稳态触发器输出脉冲的宽度由什么决定？多谐振荡器输出脉冲的宽度、周期和占空比由什么决定？

2．怎样在单稳态电路中加入一个窄脉冲形成电路，使其能处理宽脉冲触发信号？

一、填空题

1．脉冲宽度 t_W 是从脉冲前沿到达_____U_m 起，到脉冲后沿到达_____U_m 为止的一段时间。

2．矩形脉冲的参数中下降时间 t_f 定义为脉冲下降沿从_____U_m 下降到_____U_m 所需要的时间。

3．施密特触发器和单稳态触发器是一种脉冲_____电路；多谐振荡器是一种脉冲_____电路。

4．单稳态触发器的特点是电路有_____稳态和一个_____。

5．单稳态触发器主要用途是_____、_____、_____。

6．施密特触发器主要用于波形_____、脉冲_____、脉冲_____。此外，利用施密特触发器的滞回特性还能构成_____。

二、选择题

1．脉冲信号的幅度是（　　）。

　　A．脉冲信号变化的最大值

　　B．脉冲信号变化的最小值

　　C．脉冲信号变化的中间值

2．单稳态触发器不具备的特点是（　　）。

　　A．电路有一个稳态，一个暂稳态

B. 在外加信号作用下，由稳态翻转到暂稳态
C. 电路会自行有暂稳态返回到稳态
D. 具有滞回电压传输特性

3. 欲将一正弦波信号转换为与之频率相同的矩形脉冲信号，应采用（　　）。
   A. 单稳态触发器
   B. 施密特触发器
   C. A/D 转换器
   D. 移位寄存器

4. 电路如图 13.5.16 所示，这是由定时器构成的（　　）。
   A. 多谐振荡器
   B. 单稳态触发器
   C. 施密特触发器
   D. 双稳态触发器

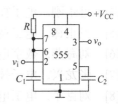

图 13.5.16　选择题 4 图

5. 如图 13.5.17 所示电路是由 555 定时器构成的（　　）。
   A. 单稳态触发器
   B. 环形振荡器
   C. 施密特触发器
   D. 占空比可调的多谐振荡器

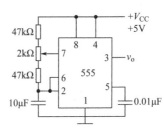

图 13.5.17　选择题 5 图

三、简答题

1. 回答图 13.5.18 所示电路能够实现什么功能？其特点是什么？
2. 由 555 定时器接成的施密特触发器如图 13.5.19（a）所示，已知 $V_{CC} = +5V$，$V_{T+} = \frac{10}{3}V$，$V_{T-} = \frac{5}{3}V$。试根据 V_I 的波形（图 13.5.19（b）），定性画出 V_O 的波形。

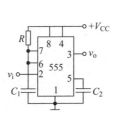

图 13.5.18　简答题 1 图

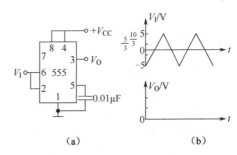

图 13.5.19　简答题 2 图

参 考 文 献

[1] 杜德昌. 电工电子技术及应用[M]. 北京：高等教育出版社，2007.
[2] 陈其纯. 电子线路[M]. 北京：高等教育出版社，2001.
[3] 刘伦富. 电工电子技术基础与应用[M]. 北京：机械工业出版社，2009.
[4] 肖永刚. 电子技能训练[M]. 江苏：江苏科学技术出版社，2006.
[5] 王正锋. 电工技能训练[M]. 江苏：江苏科学技术出版社，2006.
[6] 刘海燕. 数字电路制作与调试[M]. 北京：电子工业出版社，2008.
[7] 张龙兴. 电子技术基础[M]. 北京：高等教育出版社，2005.
[8] 刘克军. 电工电路制作与调试[M]. 北京：电子工业出版社，2008.

反侵权盗版声明

电子工业出版社依法对本作品享有专有出版权。任何未经权利人书面许可，复制、销售或通过信息网络传播本作品的行为；歪曲、篡改、剽窃本作品的行为，均违反《中华人民共和国著作权法》，其行为人应承担相应的民事责任和行政责任，构成犯罪的，将被依法追究刑事责任。

为了维护市场秩序，保护权利人的合法权益，我社将依法查处和打击侵权盗版的单位和个人。欢迎社会各界人士积极举报侵权盗版行为，本社将奖励举报有功人员，并保证举报人的信息不被泄露。

举报电话：（010）88254396；（010）88258888

传　　真：（010）88254397

E-mail：dbqq@phei.com.cn

通信地址：北京市万寿路173信箱
　　　　　电子工业出版社总编办公室

邮　　编：100036